ゼロから ディジタル論理回路

秋田純一

パイプライン処理
プログラムの中の、1つの命令の実行が終わってから次の命令の実行に移るのではなく、「流れ作業」方式で1つ目の命令の実行が終わる前に次の命令の実行を始めてしまう方式です。最近のマイクロプロセッサではほとんどが採用しています。

スーパースカラ
テレビを見ながらご飯を食べるというような、並行してできることは一緒にやってしまうという方式です。つまり、2つ以上の命令を同時に実行する機構を持つわけです。最近のマイクロプロセッサでは多くが採用しています。

キャッシュメモリ
例えば、本で調べ物をしたいとき、毎回図書館まで足を運んでいては時間がかかってしょうがありませんから、英和辞書のようによく使いそうな本は、机の上や自分の部屋の本棚に置いておきますよね。マイクロプロセッサでも、使用頻度の高い命令を、より高速に読み書きできるキャッシュメモリと呼ばれる専用メモリにおいておく機構を備えています。これも最近のマイクロプロセッサではほとんどが採用しています。

講談社

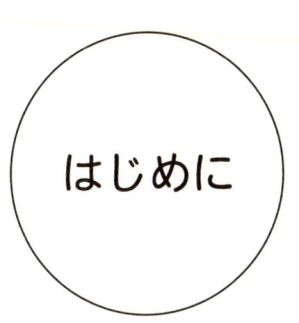

はじめに

　いま、この本を手に取られている方は、コンピュータを日常的に使われているのではないでしょうか。

　コンピュータという言葉を辞書で引くと「電子計算機」という意味が載っています。つまり、「コンピュータ　イコール　計算をする機械」というわけです。私たちはこれをごく当然のことのように受け取ってしまいますが、皆さんは、「どうしてコンピュータは計算できるのか？」ご存知ですか。「プログラムに書いてあるから」というのは本当の答えにはなりません。実は、コンピュータが「計算できる」のは、タイトルにもある「論理回路」というもののおかげなのです。コンピュータなどの電子機器の心臓部は「集積回路」という電子部品ですが、この中身のほとんどが論理回路からなっています。

　論理回路は、ディジタルという言葉と切っても切れない関係にあります。ディジタルといえば、**CD**やビデオなどでよく耳にする言葉です。ディジタルな世界では、音の大きさも、映像も、文字も、物事すべて0と1の「数字」で表現します。当然、コンピュータでも、すべての情報を0と1の「数字」で扱うわけですが、この「数字」の計算をして、自動的に答えを出してくれるのが「論理回路」なのです。

　そんな魔法のような論理回路とは、一体どんなものなのでしょうか。そんなものは技術者の人が作るものなんだから、私はわからな

くていいやという人もいるかと思いますが、中を覗いてみたい気がしませんか？

　本書は、電気電子系の大学生および高専生、コンピュータの仕組みに興味のある人に向けて、コンピュータの理論であり実体である論理回路というものを「ゼロから」易しく解説したものです。第2章では論理回路の基礎を、第3章では基本的な論理ゲートをつなげて応用力をつけた組み合わせ論理回路を、第4章では記憶を保持する回路（フリップフロップ）、第5章ではHDLという言語を使った最先端の回路設計を、そして第6章では実際に簡単なコンピュータの作り方を解説します。ただ論理回路の仕組みだけを知っても、「だから何の役に立つの？」という感じで面白くありませんので、最終章で簡単なコンピュータを作ってしまうところまで解説することにしました。

　論理回路の仕組みを知ることで、いろいろな世界が開けてくるに違いありません。

　さあ、それでは始めましょう。

2003年7月

秋田純一

ゼロから学ぶディジタル論理回路
CONTENTS

第1章　なぜディジタルか？　7

1.1　ディジタルな生活 …………………………………………………… 7
　　　●アナログ世界からディジタル世界へ ……………………………… 7
　　　●ディジタルの得意不得意 …………………………………………… 9
1.2　なぜ、ディジタルにするのか？ …………………………………… 11
　　　●音を大きくする …………………………………………………… 11
　　　●計算は足し算だけ ………………………………………………… 13
1.3　電子機器の中身 …………………………………………………… 14
　　　コラム　LSIというキャンバス ……………………………………… 16

第2章　基本論理をマスターしよう！　17

2.1　2進数の世界 ………………………………………………………… 17
2.2　ブール代数って何？ ………………………………………………… 18
　　　●ブール代数はパズル ……………………………………………… 18
　　　●論理積、論理和、否定が3大演算 ………………………………… 19
　　　●ブール代数の「法則」 …………………………………………… 20
　　　●ド・モルガンの定理 ……………………………………………… 21
　　　●NANDとNORは絶対大事 ………………………………………… 23
2.3　ブール代数をわかりやすく考える ………………………………… 24
　　　コラム　イマドキのCPU …………………………………………… 28

第 3 章　組み合わせ論理回路を知ろう！　31

- 3.1　「現在」のための論理回路 …………………………………… 31
- 3.2　基本的な論理ゲート ……………………………………………… 32
  - 記号を覚えよう……………………………………………… 32
- 3.3　論理回路で遊んでみよう（1）………………………………… 34
- 3.4　NAND ゲートはなんでも屋 ……………………………………… 43
  - NAND ゲートの活用法 ……………………………………… 43
  - XOR 論理ゲート ……………………………………………… 47
- 3.5　論理式を表現する ………………………………………………… 49
  - 真理値表に慣れよう………………………………………… 49
  - 真理値表から論理式へ……………………………………… 51
  - 論理式をほどく……………………………………………… 53
  - カルノー図で論理式をほどく……………………………… 54
  - もう少し大きなカルノー図………………………………… 58
  - don't care 項 ………………………………………………… 61
  - もっと変数の多いカルノー図……………………………… 63
- 3.6　論理回路から論理式へ …………………………………………… 64
  - やっぱり NAND ゲートは便利 ……………………………… 66
- 3.7　積和標準形から論理回路へ …………………………………… 68
- 3.8　足し算をする論理回路 ………………………………………… 70
- 3.9　論理回路の「スピード」 ……………………………………… 71
- コラム　私のコレクション………………………………………… 74

第 4 章　順序回路で記憶させよう！　77

- 4.1　「記憶」を持つ論理回路 ………………………………………… 77
- 4.2　「記憶」する論理回路：フリップフロップ ………………… 79
  - インバータのペア…………………………………………… 79

	● S-Rフリップフロップ………………………………………………	80
4.3	論理回路で遊んでみよう（2）………………………………………	86
4.4	いろんなフリップフロップ …………………………………………	87
	● タイミングを制御できるフリップフロップ ………………………	87
	● D ラッチ ……………………………………………………………	89
	● マスタ・スレーブ式 D フリップフロップ ………………………	92
	● エッジトリガ式 D フリップフロップ ……………………………	95
4.5	論理回路で遊んでみよう（3）………………………………………	97
4.6	「記憶」を持つ論理回路を作ってみよう …………………………	101
	● 順序回路を設計してみよう ………………………………………	101
4.7	論理回路で遊んでみよう（4）………………………………………	106
	● 順序回路の動くようす ……………………………………………	108
4.8	カウンタを設計しよう ……………………………………………	110
	● 状態変数の割り当てを考える ……………………………………	110
	● 続：順序回路を設計してみよう …………………………………	111
	● 使えそうな順序回路の設計（その1）…………………………	113
	● 使えそうな順序回路の設計（その2）…………………………	118
	● もう1つ、順序回路 ………………………………………………	120
	● 状態符号の割り当て、再び ………………………………………	123
	コラム　ジャンク屋さんというところ ………………………………	127

第5章　言語を使った設計　129

5.1	論理回路を記述する「言語」………………………………………	129
	● もっと簡単に設計しよう …………………………………………	129
	● VerilogHDL で組み合わせ論理回路を書いてみる ……………	132
	● VerilogHDL で論理シミュレーション …………………………	135
5.2	トップダウン設計をやってみよう ………………………………	138
	● 論理を合成する ……………………………………………………	139
	● 配置して配線する …………………………………………………	141
	● トップダウン設計をすると何が便利？ …………………………	144

5.3 VerilogHDL で順序回路を作ってみよう ……………………… 147
  ● VerilogHDL でフリップフロップを書いてみる ………… 147
  ● VerilogHDL で順序回路を書いてみる …………………… 150
5.4 好きに料理できる回路 ………………………………………… 158
  ● PLD のしくみ ……………………………………………… 160
  ● FPGA という考え方 ……………………………………… 164
  ● FPGA で遊んでみよう …………………………………… 165
  （コラム） PLD と CPU の境界線 ……………………………… 168

第 6 章　コンピュータを作ってみよう！　171

6.1 足し算をする回路 ……………………………………………… 171
  ● まずは足し算をする回路を作ろう ……………………… 171
  ● 全加算器を深める ………………………………………… 176
  ● 加算器の速度を知ろう …………………………………… 179
  ● 加算器のスピードアップ ………………………………… 180
6.2 万能演算回路 …………………………………………………… 184
6.3 プログラムの実行 ……………………………………………… 186
  ● プログラムの実行をする仕組み ………………………… 186
  ● プログラムカウンタ ……………………………………… 187
  ● メモリの地図 ……………………………………………… 190
  ●「バス」 ……………………………………………………… 191
  ● メモリマップの作り方 …………………………………… 193
6.4 コンピュータを「使って」みる ……………………………… 197
  ● アセンブリ言語で遊んでみる …………………………… 200
  ● C 言語で遊んでみる ……………………………………… 204
  （コラム）「野望」持ってみませんか？ ……………………… 210

● 関連情報　213
● 索引　215

装丁／海野幸裕、装画／本田年一

第1章 なぜディジタルか？

 1.1 ディジタルな生活

アナログ世界からディジタル世界へ

　カセットテープからMD。VHSのビデオテープからLDやDVD。銀塩写真からディジタルカメラ。テレビ放送もディジタルテレビ。ダイヤル式電話からISDN、さらには光ファイバー。あっという間に、世の中のモノの多くが「ディジタル」なモノへ変わってきました。

　そもそも、この「ディジタル」という言葉、どういう意味なんでしょうか。

　英和辞典でdigitalという単語を引くと、もうさすがに日本語になっているということでしょう、「ディジタル」という「そのまま」が載っています。これではしょうがないので、digitalという単語の元の単語であるdigitという単語をあたってみると、「数字」「桁」という意味が載っています。つまり、世の中でこれだけ身近なものになったdigitalな世界は、いわば「数字の世界」というわけです。

　それでは、「数字の世界」というのは一体何なのでしょうか。

　専門的な言葉を使うと、「なんらかの物理量を数字で表現する世界」ということになります。この物理量というのが、音や映像や数値であるわけですが、ここでは音の場合を考えてみましょう。

　「音」というのは空気の振動です。ドンとたたいた太鼓の上に米粒を置くとぶるぶる震えて振動がわかる、そんな実験をした人も多いのではない

かと思います。この振動は、物理的な言い方をすれば「時間とともに(空気などの)変位が変わる」ということです。つまり、横軸を時刻 t、縦軸を空気の変位 x としたグラフを描いてみると、図 1.1 のように時間とともに変化をする曲線のグラフになります。

このグラフから、例えば $t = 1$ 秒のときの変位 $x = 1\text{cm}$、というようなことがわかるわけですが、そのほかにも $t = 1.2$ 秒のときの変位も求めることもできますし、もっと細かく、$t = 1.215$ 秒のときの変位もわかります。

このように、本来の音のグラフでは、時間 t も変位 x も、その気になればどこまででも細かく知ることができますが、このことを**最小単位がない**という言い方をします。「時間は 1 秒単位」というような「刻み」がなくて、

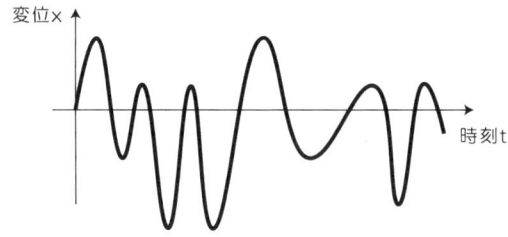

図 1.1　音の振動のグラフ

どこまででも細かく取れるという意味です。そして、最小単位がない時間や変位などの物理量のことを**アナログ** (analog) といいます。よく「ディジタル」の対義語のように使われる、あの、「アナログ」という言葉です。逆に最小単位があるものを、1, 2, 3, という数値(整数といったほうが正しいですね)で表す方法を**ディジタル**と呼ぶわけです。

では、音を「ディジタルで表す」というのはどのようなことなのでしょうか。さきほどの音のグラフを、図 1.2 のように時間を 0.1 秒単位で区切って、各時刻での変位 x を直線でつないでみます。これで時間は「ディジタルな量」になりました。ただし、ディジタルな量とすることで、細かい部分は切り捨てられて、滑らかだったグラフが、ギザギザのグラフになってしまいました。

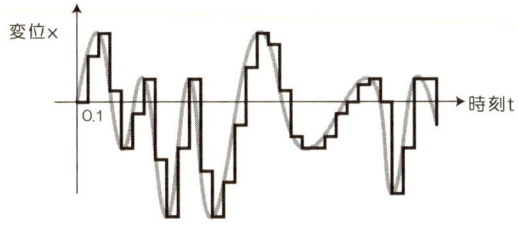

図 1.2　ディジタル化した音のグラフ

ディジタルの得意不得意

　こうしてみると、ディジタルな方式では、滑らかさや細かい部分が省略されてしまって、あまりよくない方法のようにも思われます。しかし、これだけ世の中に普及するのですから、ディジタルのほうがよいことがあるわけです。

　ディジタルな方式の最大の長所は、**誰が測っても同じになる**、という点です。図 1.3 のような温度計の目盛りは典型的なアナログ量ですが、液面が目盛りの中間あたりにあったときは、どこまで細かく読むのか、どうしても主観が入ってしまいます。たしか 0.5℃単位まで読む、というように習ったような覚えがあるのですが、その気になれば

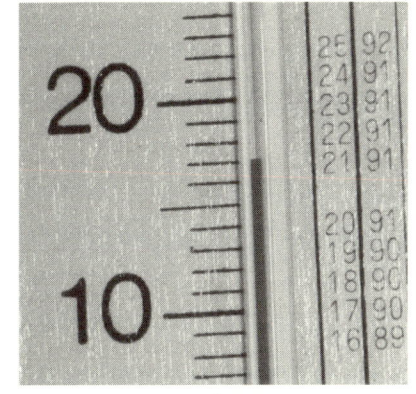

図 1.3　温度計

0.1℃単位で読めるかもしれません。しかし、この温度計を 1℃を単位としてディジタル方式で読むとすると、誰が読んでも 17℃になりますね。

　さらに、ディジタルな方式にはもう 1 つ長所があります。それは、**多少ノイズが混じっても大丈夫**という点です。

　例えば、遠くに離れたところに、電圧を使って情報を伝える「通信」を

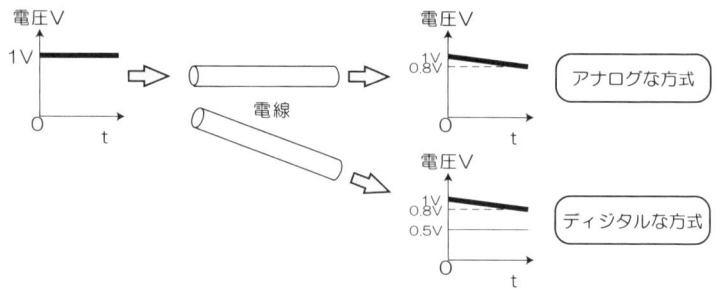

図 1.4 電圧で情報を伝える

行うことにしましょう。送る情報を「0」または「1」だけとして、「0」を 0V、「1」を 1V という電圧で表し、今、「1」を伝えたくて、1V を送ったとします。ただし、相手が離れたところにいるので、途中の電線には電波などのノイズが乗るかもしれませんし、電線の電気抵抗で電圧が下がってしまうかもしれません。このような邪魔があったために、相手のところに 0.8V で届いたとしましょう。しかし、送ったのは 0V か 1V のいずれかですから、受け取った側では、「これはおそらくもともとは 1V だったんだろう、つまり「1」が送られてきたに違いない」と推測することができます。これは、0V か 1V のどちらかしか使わない「ディジタルな方式」だからこそ可能なのです。アナログな方式では、「もともと 0.8V だった」のか「1V がノイズの影響で下がって 0.8V になった」のか、区別がつかないわけです。

　しかし、このディジタルな方式の長所の裏返しとして、**最小単位より小さいものは測れない**という短所が残ります。

　実用上はどうするかというと、「最小単位」を十分細かく取るということをします。音の例でいうと、時間間隔(つまり時間の最小単位)を 1 秒で取ってしまったら、図 1.5 の左の図のように、元の音のグラフとは似ても似つかぬものになってしまいます。そこで、時間間隔をもっと細かくとって、できるだけ元の音のグラフを再現できるようにします。例えば CD の場合、その音を聞くのは人間ですから、人間の耳が聞き分けられない細かな違いは、実用上は問題にならないわけです。ちなみに CD の場合、

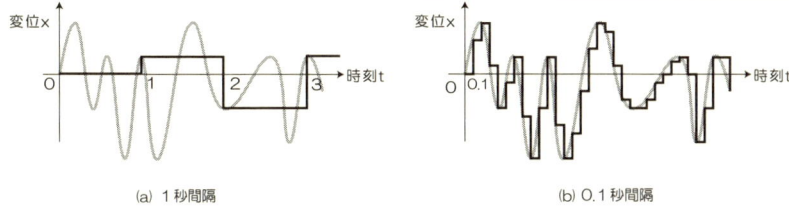

図 1.5 ディジタル化「最小単位」(a) 荒い、(b) 細かい

この時間の最小単位は約 23μ 秒、つまり約 4 万分の 1 秒とされています (音楽に詳しい人ならば、44.1 kHz サンプル、という言葉を聞いたことがあるかもしれませんが、これは 1 秒間に 44100 回音の変位を取る、つまり時間間隔が 1/44100 秒という意味です)。

このように、ディジタルな方式では、最小単位があるために「誰が測っても同じ」「多少ノイズが乗っても大丈夫」という利点が生まれてきます。特に「多少ノイズが乗っても大丈夫」という点が、CD を始めとして、これだけ私たちの身近なところにディジタルな方式が普及してきた最大の理由といえるでしょう。

 ## 1.2 なぜ、ディジタルにするのか？

音を大きくする

この本をこれから読もうとされている皆さんは、「ディジタルなものが大切なのは、まあいいとして、どうして論理回路なんて必要なのか ?」という疑問を持った方もいらっしゃるかもしれません。

それは、ものごとを表している数字を「操作する」ことが、色々な機能を付加する上で、必要不可欠だからです。

そもそも、ディジタルな世界では、音楽のデータを図 1.6 の上の図のように数字で表すわけです。そして、この音楽を聞いてみて少し音が小さいと感じたとしましょう。もう少し音を大きくしたいな、と。普通ならば音量調節のツマミをいじるところですが、ここはディジタルな世界、音楽は

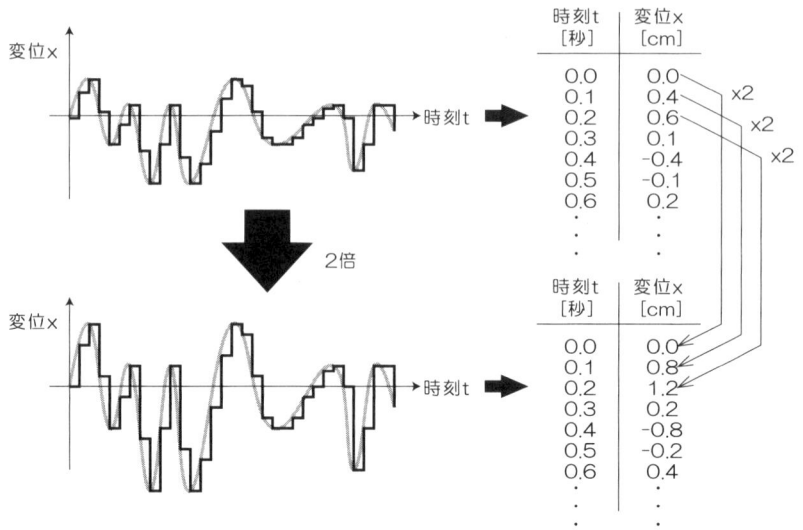

図 1.6　音の大きさを 2 倍にする

すでに数字で表されていますから、例えば音の大きさを 2 倍にしたいと思ったら、図 1.6 の下図のように、音の波形そのものを上下方向に 2 倍に拡大すればよいことになります。

　この「上下方向に 2 倍に拡大する」という操作は、俗に言う**増幅**であるわけですが、これをディジタルの世界、つまり数字のところで行う場合には、どうすればよいのでしょうか。すぐにわかるのですが、それぞれの時刻での「振幅」を表している数字を「2 倍」にすればよいのです。同じ 2 倍でも、グラフでは上下方向に伸ばす、ということでしたが、このディジタルの世界では、まさに「数字として 2 倍にする」わけです。そして、そのような演算を自動的にしてくれるのが、論理回路なのです。

　ディジタルな世界では、増幅という操作に限らず、「2 倍にする」などの「計算」が頻繁に出てきます。細かいことは他の本に譲りますが、例えばエコーをかけるにしても、低音を強調するにも、ディジタルな音の世界では「計算」によって行うことができます。

計算は足し算だけ

ところで一口に「計算」といっても、1 + 1 = 2、これも計算ですし、2 × 3 = 6、これも計算です。もっと言えば、$2^{16} = 65,536$ というようなべき乗の計算もありますし、$\log_2 8 = 3$ というような対数の計算や、$\sin(\pi/4) = 1/\sqrt{2}$ というような三角関数の計算もあります。

実は対数や三角関数、さらにはほとんどの関数の値は、加減乗除の「四則演算」の組み合わせでよく近似することができることが知られています。さらに、四則演算のすべては「加算（足し算）」を組み合わせて行うことができます。減算というのは、「負の数の加算」のことですから、加算の一種です。乗算というのは、例えば 2 × 4 というのは 2 を 4 回足す、つまり 2 + 2 + 2 + 2 のことですから、「加算の繰り返し」のことに他なりません。除算も、普段はあまり意識しませんが、実は減算の繰り返しなんですね。例えば 10 ÷ 2 = 5 というのは、「10 から 2 をどんどん引いていくと、5 回までは引くことができる」ということであり、「5」というのが除算の結果です。

つまり、

すべての計算は、加算の組み合わせである

ディジタルな世界では「計算」がとても大切だったわけですが、その計算は、究極的には「足し算」である、というわけです。

では、「足し算」とは何でしょう？

1 つの考え方は、こういうものです。

足し算とは、「1 + 1 は ?」と聞かれたら、何も考えずに「2 です」と答えることである

は？　という気もしますが、「1 + 1 は ?」と誰かに聞かれたら、ほとんどの人は、きっと何も考えずに「そりゃ 2 ですがな」と答えるのではな

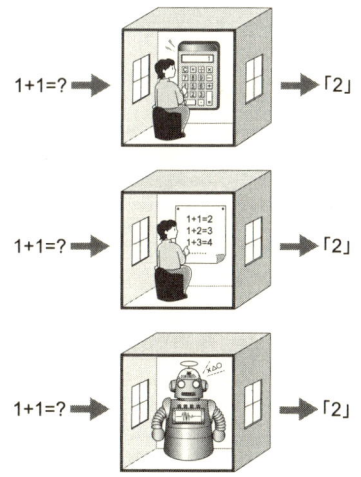

いでしょうか(別に関西弁でなくてもいいです)。実は足し算をするのに、いちいち数えなくても、「1 + 1 = 2」というのを覚えていて、それを答えるというのも、確かに足し算の結果を求めたことにはなるわけなんですよね。実は、論理回路では、「計算」はこのように機械的に行います。つまり、「1 + 1 は?」と聞かれたら、「2 です」と自動的に答えてくれるようになっているのです。本書では、そのような回路の作り方を学んでいきます。

1.3　電子機器の中身

　ディジタルなモノは、当然ながらすべて電気で動いているわけですが、その中にある部品(電子部品)の中でいちばんキモになるものに**集積回路**という部品があります。IC とか LSI とか呼ばれることもありますが、図 1.7 のような形の、とても小さい電子部品です。

　集積回路の中も「ディジタル」な原理で動いていて、その中身のほとんどが論理回路からなっています。ディジタルな原理については第 2 章以降で順番に見ていくことにしますが、その前に集積回路の中身を、ちょっ

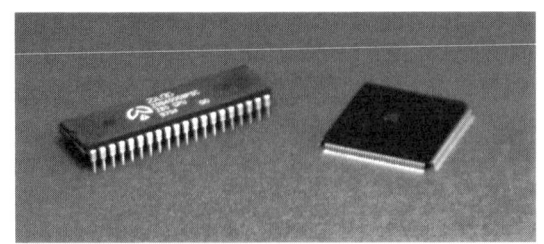

図 1.7　IC

とだけ覗いてみることにしましょう。

　IC のフタを開けると図 1.8 のような感じになっています。中央に「キラキラ光っているモノ」がありますね。これが、集積回路の正体で、シリコンの結晶からできている「半導体」のチップ(破片)で、このチップが、まわりのケースと細い線(金線)でつながっています。ちなみに集積回路

の製造工程の中で、この細い金線でチップとケースをつなぐ製造工程を「ワイヤボンディング工程」といいますが、よくニュースとかの「ハイテク産業」の資料映像とかで機械が1秒間に何十回というすごい速さで「カッカッカッカッ…」と細い金線でつないでいる、そんな映像をご覧になったことがある方も多いのではないでしょうか。その工程です。

図 1.8　ICの中身

このチップの中には、少ないもので1000個程度、多いもので1億個近い「トランジスタ」という電子部品が載っていて、それらがアルミニウムの配線でつながっていて、電子回路を形成しています（このあたりの詳しくは、姉妹書の拙著「ゼロから学ぶ電子回路」をご覧ください）。

このトランジスタやアルミ

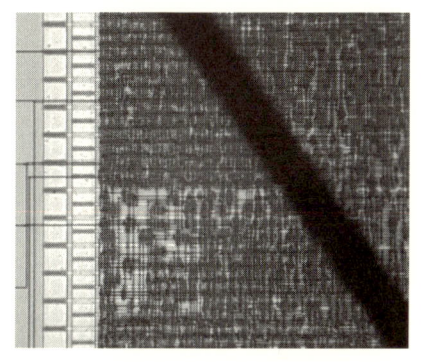

図 1.9　ICの拡大写真と髪の毛

ニウムはとても小さく、最先端の製品だと、0.1μm程度しかありません。0.1μmといえば1万分の1mmのことですが、ちなみに髪の太さは100μmくらいですから、髪の毛の1000分の1ぐらいしかないわけです。これだけ細いと光の波長よりも短く、ヘタをすると光学顕微鏡でも見えません。こんなに小さい電子回路が、世の中の「ディジタルなモノ」を支えているんですね。

LSIというキャンバス

　さきほど見てきたように、集積回路は、数 mm 角のシリコン（ケイ素）の結晶の表面に作りこまれた巨大な電子回路です。しかしこの電子回路の構成要素であるトランジスタやアルミニウムの配線は、チップの上の「パターン」にすぎません。つまり、集積回路とは、チップ上の「絵」であるわけです。昔から集積回路の設計者たちは、ナイショでチップ上に「絵」を描いてきました。例えば世界初のマイクロプロセッサであるインテルの i4004 を設計した嶋正利氏は、その後設計した i8080 のチップ上に、嶋家の家紋を入れています。

　最近でも、回路という本来の「絵」以外に、いろいろナイショで「絵」を入れている人はいるようです。ちなみに写真は、私が設計・試作した集積回路の余白に描いた「絵」です。これは顕微鏡写真ですので、実物の絵は残念ながら小さすぎて肉眼ではほとんどわかりません。モノによっては、電子回路（ごちゃごちゃしている部分）と「絵」

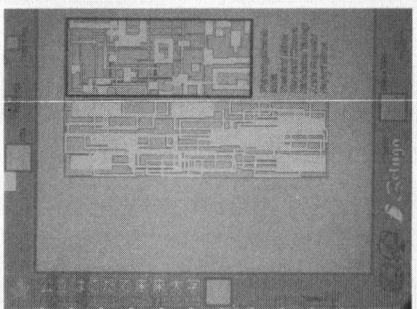

のどちらががメインかわからないものもあります…。

　「回路を設計する」ことを、英語では design と言います。このような「絵」だけでなく、電子回路を設計するには、「絵ゴコロ」が大切だなあ、と、つくづく思います。よくできている、よく工夫されている、うまい回路、というのは見た目も美しいものです。

　もしあなたが電子回路に限らず、モノを作ることを将来やっていきたいと考えられているとしたら、こういう design のセンスを、しっかり身につけておかれると必ず役立つと思いますよ。私は「絵ゴコロ」がないので、いまとても苦労しています。

第2章
基本論理をマスターしよう！

2.1 2進数の世界

　この本ではこれから先、ディジタルな世界へと足を踏み入れていきますが、ただやみくもに漠然と見ていくのと、その根底にある「理論」を知っているのでは、天と地の違いがあります。ディジタルな世界で有効な「理論」にはいくつかありますが、「論理回路」を考えていく上で必要不可欠な数学について、少しだけ見ていきましょう。

　これまで見てきたようにディジタルな世界では、ものごとを「数字」で表すわけですが、いろいろな理由から「2進数」を使います。

　例えば5個あるリンゴを「数える」ときに、普通に「5個」というときの「5」は、私たちの生活の中ではあまり意識はしませんが、ほとんどの場合は「10進数」です。私たちが普段、10進数を使う理由は諸説ありますが、私たちの指の数が10本だから、というのがかなり有力な説のようです。

　「2進数」という言葉、高校で習った人も多いでしょう。「10進数」は0から9までの10種類の数字を使うわけですが、「2進数」は0と1だけしか使いません。といっても「0か1」だけでは、2種類の数しか表せませんから、必要な場合は「桁数」を増やします。例えば、0は「0」、1は「1」でいいとして、その次の2は、桁数を増やして2桁にして、「10」と書きます。以下同様に図2.1のようにどんどん桁数を増やしていくと、どんな

10進数	2進数	4桁の2進数
0	0	0000
1	1	0001
2	10	0010
3	11	0011
4	100	0100
5	101	0101
6	110	0110
7	111	0111
8	1000	1000
⋮	⋮	⋮

図 2.1　2 進法と 10 進法の対応

大きな数も表せるようになります。

この 2 進数と 10 進数の対応はしばらく使っていると慣れてきますので、ぜひ、2 進数をぱっと見ただけで 10 進数が思い浮かぶようにがんばってください。なお、2 進数を 10 桁使うと $2^{10} = 1024$ 通り、つまり 10 進数で 0 から 1023 までの数を表すことができます。これは、だいたい 1000 ぐらい、つまり 10 進数でほぼ 3 桁ですから、「2 進数 10 桁」で「10 進数 3 桁」(ほぼ 1 k = 10^3)、という目安を覚えておくと、いろいろ便利です。このことから、「2 進数 20 桁」で「10 進数 6 桁」、「2 進数 30 桁」で「10 進数 9 桁」であることがわかります。

ちなみに、大きい桁数の数字 (10 進数) を書くときには 3 桁ずつ区切って「1,000」のようにコンマを打ちますが、これは、英語における

1,000 = thousand,　1,000,000 = million,　1,000,000,000 = billion

という数の数え方が元になっています。

2.2　ブール代数って何？

ブール代数はパズル

ディジタルな世界では 2 進数を主に使いますから、この世界で使われる「数学」に出てくる数字は、基本的に「0」と「1」だけです。この「0」と「1」という「2 つの値だけを使う数学」を**ブール代数** (Boolean Algebra) と呼

びますが、これが、まさに論理回路を考えていく上で大切な「理論」になります。このブール代数を、しばらく見ていくことにしましょう。「数学」や「代数」という言葉を見て、気が重くなる人もいるかもしれませんが、ちょっとだけですし、そもそも「0」と「1」しかありませんから、パズルだと思って気楽に読んでみてください。

論理積、論理和、否定が3大演算

　まず、10進数の数学(というか算数)には足し算・引き算・掛け算・割り算という4種類の演算がありますが、2進数の数学である「ブール代数」の演算は、3種類しかありません。しかもこのうち2つの演算は、2つの2進数の数同士の演算ですから、演算結果は4通りしかありません。さらに、もう1つの演算は、1つの数に対する演算に過ぎません。この3つの演算を下の囲みに示しましたので、しっかり覚えておいてください。

---

①論理積 [·]　2つの数の両方が「1」のときのみ、「1」
　$0 \cdot 0 = 0, \quad 0 \cdot 1 = 0, \quad 1 \cdot 0 = 0, \quad \underline{1 \cdot 1 = 1}$

②論理和 [＋]　2つの数のどちらかが「1」のときに、「1」
　$0 + 0 = 0, \quad \underline{0 + 1 = 1}, \quad \underline{1 + 0 = 1}, \quad \underline{1 + 1 = 1}$

③否定 [¯]　これは数字の上につけて、0と1を逆にした数を表す
　$\bar{0} = 1, \quad \bar{1} = 0$

　順番に説明していきましょう。1つ目の**論理積**は、英語ではlogical and、または単にandといいます。a, bが1桁の2進数、つまり0か1のいずれかだとして、$a \cdot b$というのは、aと(and) bがともに1のときだけ結果は1となるというわけです。なお、aやbのように、0か1の値しかとらない変数のことを**ブール変数**と呼びます。

　2番目の**論理和**は、英語ではlogical or、または単にorといいます。つまり、$a + b$というのは、aか(or) bの一方が1のときに結果が1となるとなる演算です。一番右の式の$1 + 1 = 1$は、普通の足し算と結果が異なるので注意しましょう。

最後の**否定**は、英語ではそのまま not と読みます。$\bar{0}$ とは、0 でないという意味ですが、2 進数では 0 と 1 しかありませんから、$\bar{0}$ は 1 ということになります。

ブール代数の「法則」

このように 3 通りの「演算」を持つブール代数は、あくまでも数学ですから、それから導かれる「定理」や「法則」がいくつかあります。このテの話を本格的に書き出すと、1 冊の本になるぐらいになってしまいますので、「論理回路」を考えていく上でよく使いそうなものに絞って、見ていくことにしましょう。

といっても、「そんなこと言われなくても…」とか「だから何?」といいたくなるような定理もありますので、あまり深く考えなくても大丈夫です。以下に出てくる「・」の記号は掛け算ではなく論理積であり、「+」の記号は足し算ではなく論理和であることに注意しておきましょう。

まずは、計算法則です。

---

①**べき等則**
　$a + a = a, \quad a \cdot a = a$
②**有界則**
　$a + 1 = 1, \quad a \cdot 0 = 0$
③**吸収則**
　$a + (a \cdot b) = a, \quad a \cdot (a + b) = a$
④**結合則**
　$(a + b) + c = a + (b + c), \quad (a \cdot b) \cdot c = a \cdot (b \cdot c)$
⑤**対合則**
　$\bar{\bar{a}} = a$

なんだか急に数学っぽくなりました。順番に見ていきましょう。

1 つ目のの「べき等則」は同じ数同士で何回演算しても値は等しいですよという意味です。証明ですが、例えば、$a + a = a$ は簡単にできます。

というのも a はブール変数ですから、0 か 1 のどちらかしかありません。そこでこの両方を計算してみると、$0+0=0$、$1+1=1$ となりますから、たしかに $a+a=a$ となっています。だから何？ という気もしますが、まあそれはそれ。$a \cdot a = a$ も同じです。

次の「有界則」も、同じように証明できます。この法則は、ブール代数の演算の結果はブール代数の範囲であるということを示しています。普通の足し算や掛け算では 2 とか − 1 とかにもなりますが、ブール代数では必ず 0 か 1 というわけです。

「吸収則」と「結合則」はカッコのある場合の計算の法則ですが、同じように証明できます。

最後の「対合則」は、否定の演算を 2 回行うともとに戻るということを示しています。つまり、二重否定は肯定と同じということですね。

なお、ブール変数と 3 種類の演算 (論理積・論理和・否定) からできている式を**ブール式**と呼びます。

ド・モルガンの定理

さてここで、ブール代数の「定理」を 1 つ紹介しておきましょう。それは**ド・モルガンの定理** (de Morgan's theorem) と呼ばれるものです。実はこの名前の定理、「集合」を扱うときにも出てきて、「和集合」とか「積集合」のところで、同じ名前の定理を見たことがあるかもしれません。基本的には、それと同じものです。

ブール代数におけるこの定理を言葉で書くと次のようになります。

> **ド・モルガンの定理**
> あるブール式の各変数を否定し、式の中の論理積と論理和を入れ替えた式は、全体を否定した式と同じ値をとる。

すべての変数の値に対して 2 つの式が同じ値 (ブール代数ですから当然 0 か 1 のどちらかとなります) をとるとき、この 2 つの式は**等価**であるといいます。つまり、ド・モルガンの定理で述べられている 2 つの式は等

価であるということになります。

とはいっても、何を言っているんだかよくわかりませんね。記号を使って書くと、以下のような感じになります。

> **ド・モルガンの定理**
> $$\overline{f(x_1, x_2, \cdots, +, \cdot)} = f(\overline{x_1}, \overline{x_2}, \cdots, \cdot, +)$$

これも何を言っているんだかよくわかりませんが、2つの変数の場合で書くと、こんな感じになります。

$$\overline{a \cdot b} = \overline{a} + \overline{b}$$
$$\overline{a + b} = \overline{a} \cdot \overline{b}$$

あれ？ なんか見たことあるかもと思った人は、数学Ⅰで習った集合のところを思い出してもらうと、似たような式があったと思います。

本当か？ と思った人は、ちょっと計算してみてください。といってもaもbもブール変数ですから、それぞれ0か1で、合計4通りしかありません。ためしに最初の式の左辺と右辺を実際に計算して比べてみるとこんな感じです。

（右辺） 　　　（左辺）
$\overline{0 \cdot 0} = \overline{0} = 1,\quad \overline{0} + \overline{0} = 1 + 1 = 1$
$\overline{0 \cdot 1} = \overline{0} = 1,\quad \overline{0} + \overline{1} = 1 + 0 = 1$
$\overline{1 \cdot 0} = \overline{0} = 1,\quad \overline{1} + \overline{0} = 0 + 1 = 1$
$\overline{1 \cdot 1} = \overline{1} = 0,\quad \overline{1} + \overline{1} = 0 + 0 = 0$

たしかに両辺は同じ値になります。なんだか数学というよりパズルみたいですね。

ド・モルガンの定理を使うと、ちょっとややこしい式も変形することができます。ためしにこんな式を計算してみましょうか。

$$\overline{a + b + c + a \cdot b \cdot c} = \overline{a} \cdot \overline{b} \cdot \overline{c} \cdot \overline{(a \cdot b \cdot c)}$$
$$= \overline{a} \cdot \overline{b} \cdot \overline{c} \cdot (\overline{a} + \overline{b} + \overline{c})$$

ド・モルガンの定理を2回使っています。もう1つ。

$$a \cdot \overline{b} + b \cdot \overline{c} + c \cdot \overline{a} + a \cdot b \cdot c = \overline{(a \cdot \overline{b})} \cdot \overline{(b \cdot \overline{c})} \cdot \overline{(c \cdot \overline{a})} \cdot \overline{(a \cdot b \cdot c)}$$
$$= (\overline{a} + b) \cdot (\overline{b} + c) \cdot (\overline{c} + a) \cdot (\overline{a} + \overline{b} + \overline{c})$$

ちょっとややこしいですが、順番にド・モルガンの定理を使っているところを見ておいてください。

いま、なにげなく、a, b, c という3つの変数を使って論理積、論理和などを書きましたが、ブール代数の演算は3つ以上のブール変数に対しても使うことができます。そのときは、2つずつ順番に演算をしていきます。例えば、$a \cdot b \cdot c$ は、まず $(a \cdot b) \cdot c$ のように最初の2つにカッコをつけて $a \cdot b$ を先に計算をして、この部分の結果 (当然0か1のいずれか) と、最後の c との論理積を求める (その結果も0か1のいずれか)、ということになります。ここでは、カッコをつけるときは順番は気にしなくていい、というさきほどの「結合則」が背景にあります。

このド・モルガンの定理は、さらに一般化することができ、それを**双対性の原理**と呼びます。といってもディジタルな世界の論理回路を考えていく上ではあまりお目にかかることはありませんので、「紹介だけ」しておきます。

> **双対性の原理**
> 　ブール代数においてある定理が成り立つならば、定理式の中の論理和と論理積、0と1を入れ替えた式も成り立つ。

NAND と NOR は絶対大事

ここまでブール代数と、それにまつわる法則や定理を順番に見てきましたが、最後にもう2つだけ、関連する「演算」を紹介しておきましょう。ブール代数の演算は、論理積・論理和・否定の3種類しかないのですが、それを組み合わせた、次の2つの演算は非常によく使うので、ぜひ覚えておいてください。

> **NAND 演算** $\overline{a \cdot b}$
> 　a と b の論理積を否定したもの
> **NOR 演算** $\overline{a + b}$
> 　a と b の論理和を否定したもの

　どちらも、論理積・論理和・否定を組み合わせたものでしかないのですが、とてもよく使います (詳しくは第 3 章以降に)。例えば、0 と 1 の NAND は $\overline{0 \cdot 1} = \overline{0} = 1$、0 と 1 の NOR は $\overline{0 + 1} = \overline{1} = 0$、となります。

　NAND というのは、・ (論理積) をとったものの not (否定) である「not-AND」を略したものです。NOR も、+ (論理和) の not (否定)、つまり「not-OR」の略です。

2.3　ブール代数をわかりやすく考える

　最後に、ブール代数の別の見方をしておきましょう。それは、論理積・論理和・否定という 3 つの「演算」を、それと似た物理現象でたとえて考えるというものです。このように、ある現象を似た別の現象でたとえることをアナロジー (analogy) といいますが、ものごとを別の視点から見ることで、より深く理解できます。

　まず、論理積は、a と b がともに 1 のときのみ 1 になるという演算でした。そこで図 2.2 のようなスイッチと電球からなる直列回路を考え、a や b が1 であるということを、それぞれのスイッチを ON にするということだと考えます。もちろん、a や b が 0 というのは、スイッチが OFF ということです。そして、a と b の論理積 $a \cdot b$ が 1 のときが電球のついている状態、0

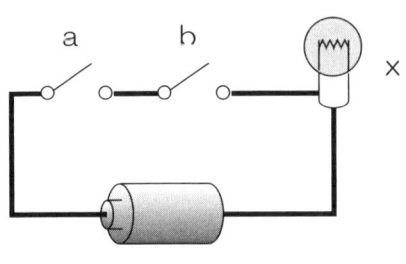

図 2.2　論理積のアナロジー

のときが電球の消えている状態と考えましょう。

　すると、図 2.2 の回路から明らかなように、a と b の 2 つのスイッチを両方とも ON (1) にしたときにだけ電球は点灯し、どちらか一方でもスイッチが OFF (0) であれば、電球はつかないわけですが、これはまさに「論理積」そのものですね。

　論理和は、図 2.3 のような並列回路を考えればよいでしょう。a か b のスイッチのどちらか一方だけでも ON になっていれば、電球がつくわけですから、「論理和」に他なりません。

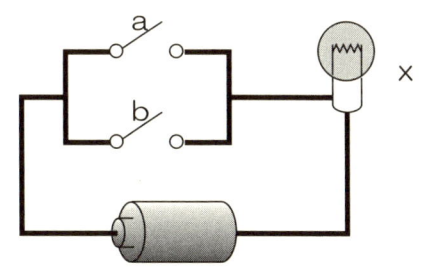

図 2.3　論理和のアナロジー

　しかしこの調子で行くと、「否定」はちょっと大変です。というのも、1 をスイッチが ON、あるいは電球がつくと考えると、$\overline{0}=1$ というのは、スイッチを OFF にすると電球がつくということになります。こんなスイッチは普通はありません。逆に、スイッチを ON にすると電球が消えるというのも、普通のスイッチではありません。そのため、この「否定」を、電気回路のアナロジーで考えるときには、図 2.4 のように、

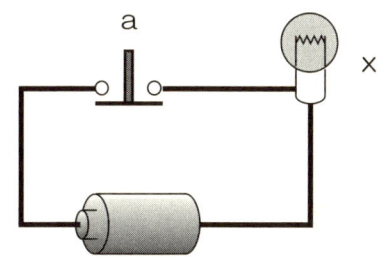

図 2.4　否定のアナロジー 1

「押すと OFF になる」という少し変わったスイッチを使って、1 を「スイッチを押した状態」と考えます。

　あるいは、「リレー」という電気部品を使って図 2.5 のような回路を考えるというテもあります。リレーというのは、電磁石とスイッチを組み合わせた部品で、スイッチを ON にすると電磁石に電流が流れて磁石になり、

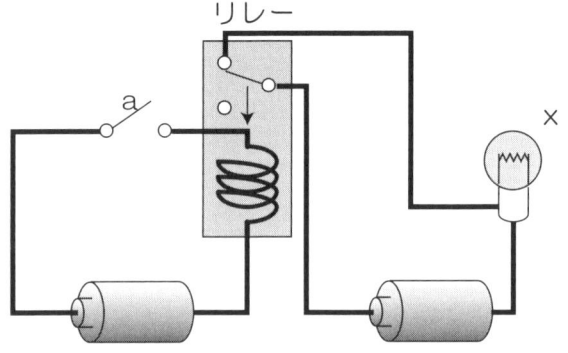

図 2.5　否定のアナロジー 2

スイッチの接点がひきつけられてスイッチが OFF になるというものです。

なんでもQアンドA

Q　ブール代数を使う/考える意味は？

秋田　ブール代数を考えたジョージ・ブールという人（1815～1864）はもともと人間の思考、すなわち「論理」というものを、哲学のような言葉ではなく数学で置き換えようという考えから、論理を数式で表したブール代数を作ったそうです。ところが、実はこれがコンピュータを作るときの理論として有効だということに気づいたのがフォン・ノイマンという人（1903～1957）で、この人は現在のコンピュータの原型を作ったといえる人です。また、ブール代数そのものになじめないという方は、残念ながら慣れるしかないと思います。とはいっても 0 と 1 だけですから、簡単なパズルのように気楽に考えてみてはいかがでしょう？

Q　1＋1＝1というのがわからない。

秋田　頭を切り替えてください。「＋」は、足し算ではありません。「論理和」です。初めての人は戸惑うかもしれませんね。

Q $\bar{\bar{a}}$（二重否定）の意味は？

秋田　式の中でこのような「2回の否定」が出てきたら、まあそれは元の「否定しないやつ」に戻しましょうという意味です。最初からこのような「2回の否定」を書く意味はありません。

Q　ブール代数の論理和・論理積・否定以外の演算はありますか？

秋田　「論理差」や「論理商」というのはありません。0－0＝0とやれそうな気もしますが、あまり意味がないので普通は考えません。理論的には、論理和・論理積・否定の3種類の組合せだけで全ての演算を表現できることが証明できるので、この3種類だけでよいわけです。ちなみに、論理積の記号を「×」と書く流儀もあるようです。

Q　ド・モルガンの定理がよくわからない。

秋田　とりあえず今のところは、$\overline{a+b} = \bar{a} \cdot \bar{b}$のような式のことだと思っておいてください。こんなの何に使うの？というのは、後に出てきますので…。

Q　否定のアナロジーですが、「押すと OFF になるスイッチ」でいいのではありませんか？

秋田　実は論理積・論理和でもそうなのですが、例えば「論理積の結果を次の論理和の変数に使って求める」ということをしようとすると、「最初の結果(電球の点灯／消灯)」が、「次のスイッチ」につながらなければなりません。論理和・論理積、そして否定のアナロジーでは、変数は「スイッチを押す・押さない」でしたが、これだと、「前の結果を見て手動で押す」というようなことが必要になります。このようなときに、前段の電球の代わりにリレーのコイル側を、後段の変数のところにリレーの接点を使えば、前段の結果をそのまま後段に使えるわけです。

イマドキのCPU

　身の回りに溢れているディジタルな機器の中でもパソコンというのは、皆さんにとって身近なものなのではないでしょうか。
　しばらく前だと、パソコンを買うときには「性能」と「価格」をカタログで見比べながらいろいろ迷ったものですが、最近では、皆さんがパソコンを選ぶときの基準は、おそらくコンピュータとしての本来の「性能」である計算や処理の能力よりも、メーカーやブランドにデザインや付加機能、ノートパソコンなら重さや大きさ、といったあたりにあるのではないでしょうか。これは逆に言うと、パソコンとしての「性能」がさまざまな技術革新によってどんどん向上して、普通に使う分には困らないようになった、ということであるわけです。それでは、パソコンの「性能」の向上を支えている技術にはどんなものがあるのでしょうか。
　コンピュータの計算や処理の能力を決める最大の決め手は、マイクロプロセッサと呼ばれる電子部品です。これはコンピュータの中でのプログラムの実行やデータの流れを制御する、まさに心臓部ともいえる電子部品です。マイクロプロセッサの性能向上の歴史は、技術革新の歴史でもあるわけですが、最近のマイクロプロセッサで取り入れられている技術をいくつか紹介しましょう。

パイプライン処理
　プログラムの中の1つの命令の実行が終わってから次の命令の実行に移るのではなく、「流れ作業」方式で1つ目の命令の実行が終わる前に次の命令の実行を始めてしまう方式です。最近のマイクロプロセッサではほとんどが採用しています。

スーパースカラ
　テレビを見ながらご飯を食べるというような、並行してできるこ

とは一緒にやってしまうという方式です。つまり、2つ以上の命令を同時に実行する機構です。最近のマイクロプロセッサでは多くが採用しています。

キャッシュメモリ

　例えば、本で調べ物をしたいとき、毎回図書館まで足を運んでいては時間がかかってしょうがありませんから、英和辞書のようによく使いそうな本は、机の上や自分の部屋の本棚に置いておきますよね。マイクロプロセッサでも、使用頻度の高い命令を、より高速に読み書きできるキャッシュメモリと呼ばれる専用メモリにおいておく機構を備えています。これも最近のマイクロプロセッサではほとんどが採用しています。

分岐予測

　プログラムの実行をするときに、「ある条件が成り立てばこちら、そうでなければこちら」という、いわゆる条件分岐がありますが、条件が成り立つかどうか、実際に判断をしないとわからないわけで、パイプライン処理で、先読みをしている場合にはなかなか厄介です。そこで、どちらに分岐するかを、ある程度予測してしまい、その予測結果に基づいて先読みを続ける、という方式を取ります。予測が当ればもうけものですが、はずれたら、しょうがないのでじっくり実行を続けます。

RISC (Reduced Instruction Set Computer)

　マイクロプロセッサ自身が多機能な命令を持つのではなく、基本的な少ない命令だけを高速に実行できるようにして、それを組み合わせてプログラムを書こうという、マイクロプロセッサの設計思想です。これによりパイプライン処理やスーパースカラ、大容量のキャッシュメモリなどの高速化技法が有効に使えたのです

が、最近は、多機能な命令を持つCISC (Complex Instruction Set Computer) と呼ばれる他のマイクロプロセッサでも、半導体技術の進歩によってこれらの高速化技法が使われるようになり、RISCとCISCの境界線は曖昧になってきているようです。

（左）世界最初のマイクロプロセッサ i4004。動作クロックは 108kHz、トランジスタ数 2300 個。
（右）最近のパソコン用マイクロプロセッサ Pentium4。動作クロック 3GHz（i4004 の約 3 万倍）、トランジスタ数 4200 万個（18000 倍）。

第3章
組み合わせ論理回路を知ろう！

 ## 3.1 「現在」のための論理回路

　第2章では、抽象的な話が続いてしまいました。この章では、もう少し具体的に「論理回路」を考えていきましょう。

　第1章の後半で少し触れましたが、ディジタルな世界の道具となる論理回路は、入口と出口を持つ「箱」と見ることができます。例えば「足し算をする論理回路」であれば、入口は「足す2つの数」、出口は「足した結果の数」であるわけです。そして、その入口(入力)からどのように出口(出力)が決まるかという関係によって、論理回路はの種類は大きく2つに分けられます。抽象的な言い方になりますが、1つは「現在だけを考える」論理回路、もう1つは「過去も考える」論理回路です。

　例えば「足し算をする論理回路」は、「1 + 1は?」と問われれば「2」と答えるといったように、今まさに足そうとしている2つの入力の数字だけから結果の出力が決まりますから、前者の「現在だけを考える」論理回路ということになります。

　後者の、「過去も考える」タイプの論理回路とは、値を記憶する回路のことですが、これは第4章で詳しく考えることにして、この章では過去にとらわれない、「現在だけを考える」論理回路のみを考えることにしましょう。

　この、現在の入力だけから出力が決まるタイプの論理回路を**組み合わせ**

論理回路 (combinational logic circuit) と呼びます。例えば足し算回路の場合、2 つの入力が「1」と「1」という値の組合せであれば、自動的に出力が「2」と決まるように、入力の値の「組み合わせ」だけから出力が決まる論理回路という意味です。

以下では、この「組み合わせ論理回路」について詳しく述べていくことにしましょう。

 ## 3.2 基本的な論理ゲート

記号を覚えよう

まずは「組み合わせ論理回路」を、記号を使って表す方法を見ていきます。

第 2 章で見てきたように、ブール代数で出てくる演算は論理積 (AND)「・」、論理和 (OR)「＋」、否定 (NOT)「￣」の 3 つだけでした。

そもそも本のタイトルに「論理回路」という言葉が入っているように、ブール代数も組み合わせ論理回路も、最終的には「回路」、すなわち電気信号を取り扱うことになるわけです。そこで、まずはその第 1 歩として、ブール代数で登場した 2 種類の数字である「1」と「0」の値を電気信号で表すことにしてみます。表し方はいくつかありますが、ここでは「電圧が高い (例えば 5V) 状態」を「1」に、「電圧が低い (例えば 0V) 状態」を「0」とすると考えておきましょう。

このように、組み合わせ論理回路を電気回路で表すとき、論理積 (AND)、論理和 (OR)、否定 (NOT) などの演算を行うような実際の回路のことを**論理ゲート**と呼び、図 3.1 のような記号を使います。それぞれ、**AND ゲー**

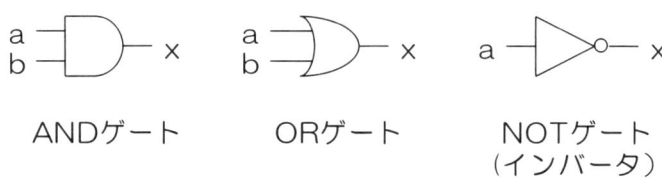

図 3.1　基本的な 3 つの論理ゲート

ト、OR ゲート、NOT ゲート (インバータ；inverter ともいう) という名前がついています。

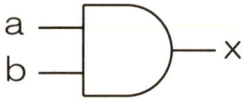

図 3.2　ゲートを使った回路
（入力 a, b、出力 x）

例えば図 3.2 のような回路であれば、AND ゲートの入力がブール変数の a と b、出力が x で、AND ゲートは論理積を行うわけですから、次のようなブール式を回路にしたものということになります。

$x = a \cdot b$

論理ゲートは、基本的にはこの 3 種類だけなのですが、第 2 章で紹介したように、これ以外にもよく使われるものとして、NAND (論理積の否定, $\overline{a \cdot b}$) と NOR (論理和の否定, $\overline{a + b}$) があります。NAND と

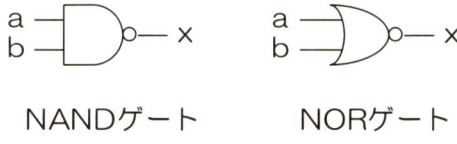

NANDゲート　　　NORゲート

図 3.3　NAND ゲートと NOR ゲート

NOR にも論理ゲートがあり、それぞれ **NAND ゲート**、**NOR ゲート**と呼ばれていて、図 3.3 のような記号を使います。

例えば NAND は「AND をとったものの否定」でしたが、その記号は

図 3.4　AND ゲート＋○＝ NAND ゲート

図 3.4 のように、a と b の AND (論理積) ゲートにインバータの先っちょについていた「○」をつけただけのわかりやすい記号です。論理ゲートの

記号では、「○」は「否定」演算そのものということなわけですね。

じゃあ図 3.4 のインバータの記号の中の「○」以外の三角の部分は何？ということになりますが、ただ「○」だけだと、どちらが入力でどちらが出力かわからないため、左が入力で右が出力、ということを示すために、三角を書くわけです。

$$a \rhd\!\!\circ\!\!- x \quad \overset{\text{等しい}}{=} \quad a \rhd\!-\!\circ\!- x$$

図 3.5　インバータの△と○

3.3　論理回路で遊んでみよう (1)

せっかくこの本のタイトルにも「論理回路」というように、「回路」という言葉がついていますから、ただ紙の上で式や記号をいじくりまわすだけでなく、電子回路を使って遊んでみることにしましょう。

といってもこのテの電子回路実習という類の本だと、基板を作って半田付けをして…というのがあって、「ちょっと遊んでみる」というのにはかなり厄介です。もちろん興味のある方は、そのような本格的な電子回路・

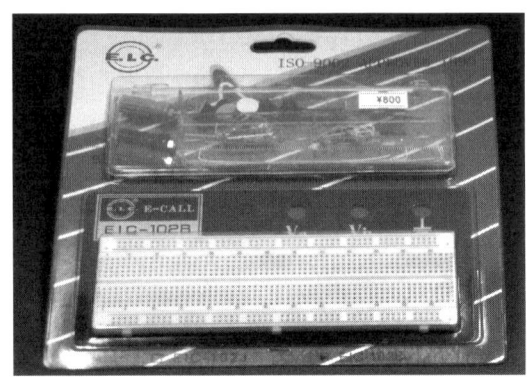

図 3.6　ブレッドボード

論理回路に取り組んでいただくとして、この本では、「ちょっくら遊んでみるか」ぐらいの気分で、お手軽に「ちょっとだけ」遊んでみることにしましょう。

　図 3.6 は、ブレッドボードというものです。たくさん穴があいていますが、ここに電子部品をさして、すぐ上に写っている「ジャンパ線」と呼ばれる導線で配線をして回路を作って動かす、というものです。このブレッドボード、たくさん穴があいていますが、中は図 3.7 のように接続されていますので、ちょっと頭の隅に入れておいてください。

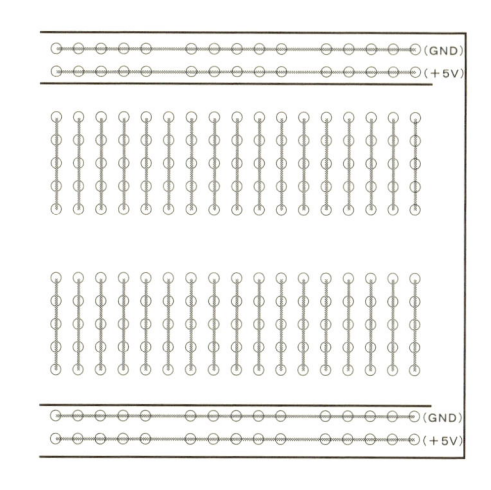

図 3.7　ブレッドボードの中の接続

　なおこのブレッドボードも含め、以下で「遊んでみる」のに使うものの入手方法は、巻末で紹介していますので、ぜひ手元で、実際に試してみてください。

　せっかくですから、まずは NAND ゲートを使ってみることにしましょう。図 3.8 は、東京の秋葉原や大阪の日本橋などの電子部品屋や通信販売

図 3.8　74HC00
　　　　NAND ゲートが 4 個入っている IC

でも入手できる、「論理回路」が入っている市販のICの1つで、中に4つのNANDゲートが入っている74HC00というICです。ぜひ実物を手元に取って見ていただきたいと思いますが、大きさはだいたい手の小指の第一関節ぐらいといったところです。もちろんこれを見ただけでは、中にNANDゲートが4つ入っている、ということがわかるわけではないのですが、このICに書いてある「型番」を調べることでこのICの中身が何かを知ることができます。最近はこのような型番と中身の対応、あるいはそのIC自身のデータシート(仕様書)もインターネットで調べることができて、例えば(株)ルネサステクノロジのICのデータシートは以下のところから探すことができます。

→ http://www.renesas.com/jpn/

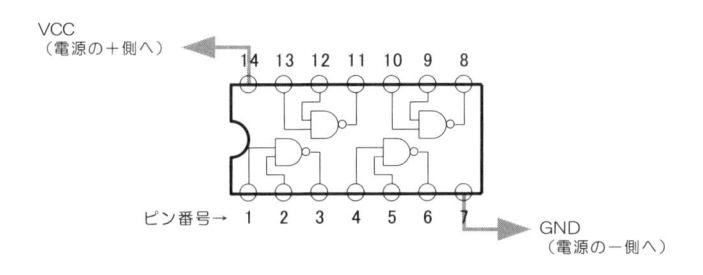

図3.9　74HC00の中身

データシートを見ると、図3.9のように、このICの中にNANDゲートが4個入っている様子が書いてあります。とはいっても、中にこの図のような「NANDゲートの記号」が入っているわけではなく、第1章で見たようなとても小さい電子回路である集積回路が入っているわけですが、このICを使うぶんには、その中身のことをいろいろ考える必要はないため、外から「どのように見えるか」だけを書いてあるわけです。ですから普通に「使う」ぶんには、このICのどの端子(ピン)が入力でどれが出力か、ということだけを知っておけば十分、というわけです。

図3.9を見ると、パッケージの切り欠きがあるほうを左側において、左下のピンが1番ピン、その隣が2番ピン…と続いていって、右下の7番

ピンの次は右上の8番ピン、そこからは左へ順に9番ピンから14番ピンまで番号がついていることがわかります。この番号の振り方は、ICではよく使われる方法ですから、ぜひ覚えておいてください。

　また、4個のNANDゲートのほかに、「VCC」(14番ピン)と「GND」(Groundの略で、接地を意味する。7番ピン)という2つのピンがあることがわかります。

　これらはNANDゲートとは直接は関係ないのですが、NANDゲートを「電子回路」として動かすために必要なエネルギーを供給するための**電源ピン**と呼ばれるもので、電池などの直流電源をつながなければなりません。どのくらいの電圧の電池をつなぐかというのはICによって違いますが、この74HC00の場合は、標準で＋5V (乾電池が1個で1.5Vですからちょっと半端ですね)の電圧を加えておくようにします。本書では、壁のコンセントにきているAC100Vから＋5Vを作ってくれるACアダプタを、図3.10のように加工して使うことにしましょう。

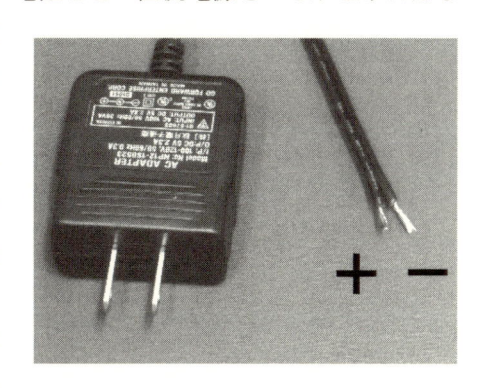

図 3.10　電源（ACアダプタ）の加工

　この加工だけは、ACアダプタの線を切って皮をむく、という作業が必要になりますので、もしあればニッパーやペンチといった工具やカッターナイフを使いましょう。ACアダプタから出ている2本の線のどちらがプラスでどちらがマイナスかはものによって違いますが、巻末の方法で部品を入手をされた方であれば、図3.10のように、ビニール線に小さい文字がある側がプラス(+)になりますから、心配な人はビニールテープなどで印をつけておきましょう。

　さて次はNANDゲートの「入力」の作り方です。論理回路の世界では、「1」と「0」という2つの値だけを使うわけですが、このICでは次のようにそれぞれを電圧で表すことになっています。

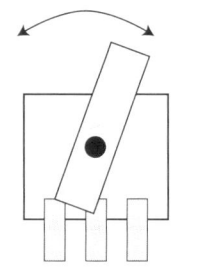

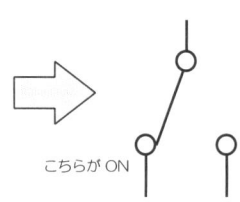

図 3.11　トグルスイッチ　　　図 3.12　トグルスイッチの内部の接続

「1」：電圧が高い状態 (ほぼ＋ 5V)
「0」：電圧が低い状態 (ほぼ 0V)

　スイッチでこの「1」と「0」を切り替えられるように、図 3.11 のようなスイッチ (トグルスイッチ) を使うことにしましょう。トグルスイッチは、一般的に図 3.12 のようにどちらに倒すかによって、真ん中の端子と両側の一方の端子が接続されるようになっています。巻末にある方法で部

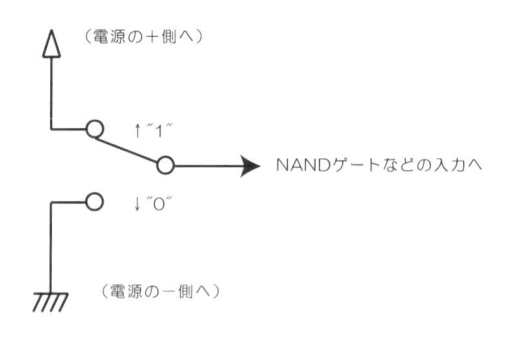

図 3.13　入力の作り方

品を入手された方であれば、そのトグルスイッチを図 3.13 のようにブレッドボードに直接さして接続すると、上側に倒したときは真ん中の端子は＋5V につながるので「1」に、下側に倒したときは真ん中の端子は 0V につながるので「0」になることになります。

　次は、NAND ゲートの「出力」を見る方法です。この IC では、「0」と「1」

という数字が、電圧の高い・低いで表されています。しかし、このICが「出力は「1」です」、と出力のピン(例えば3番ピン)に＋5Vという高い電圧を出してくれても、残念ながら私たちには「見る」ことができません。

そこで、電圧がかかると電流が流れて光る図3.14のような発光ダイオード(Light Emitting Diode; **LED**)という部品を使います。LEDは、図3.15のように、電流が流れすぎないようにするために1kΩ程度の抵抗をはさんで電圧をかけると、電流が流れて光ります(この抵抗の求め方は、拙著「ゼロから学ぶ電子回路」にもコラムとして書いてありますので、あわせてご参照ください)。

さて、LED・抵抗とNANDゲートのICを図3.16のように接続すると、NANDゲートの出力が「1」のときはLEDに＋5V程度の電圧がかかるためにLED

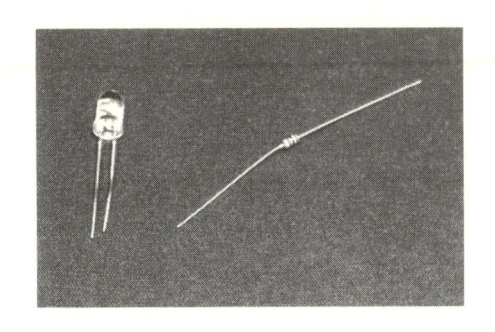

図3.14　発光ダイオード(LED)と抵抗器

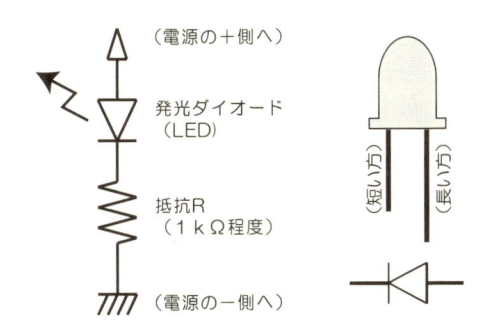

図3.15　発光ダイオードの光らせ方

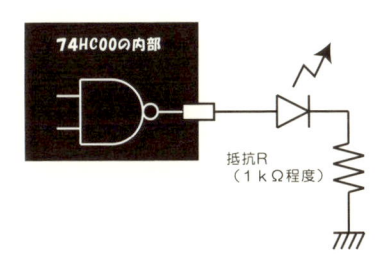

図3.16　NANDゲートの出力を見る方法

が光り、逆に出力が「0」のときは LED に電圧がかからないために LED は光らないことになります。

以上で必要な要素はすべてそろいましたので、図 3.17 のように NAND

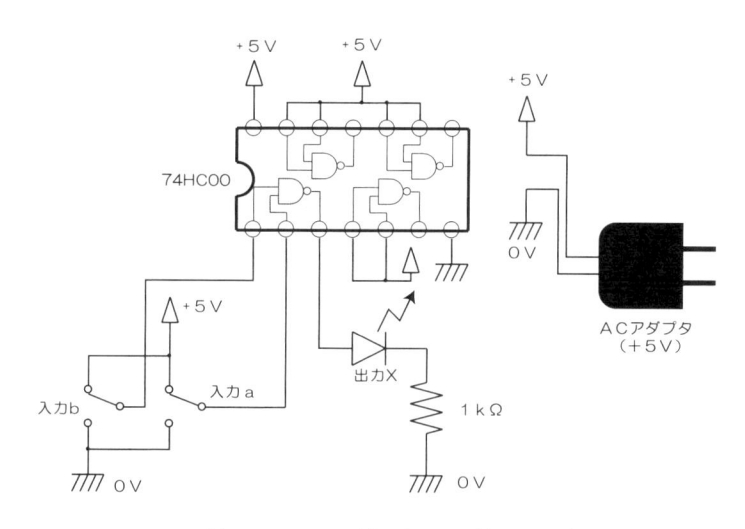

図 3.17　NAND ゲート IC を使った回路

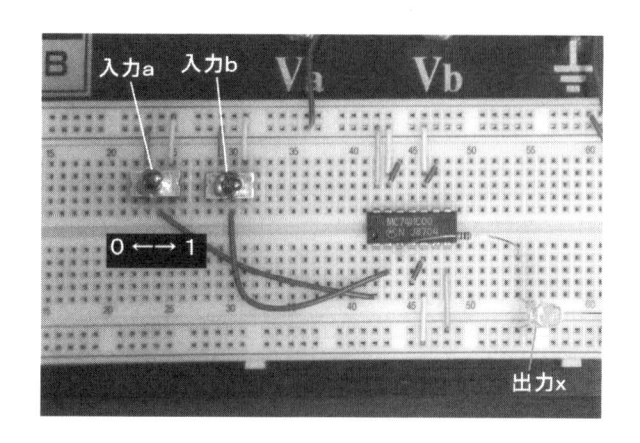

図 3.18　74HC00 を使った回路の全体の配線

第 3 章◎組み合わせ論理回路を知ろう！

ゲートの 2 つの入力に 2 つのスイッチをつないで入力を与え、その 1 つの出力を LED で確認する、という回路を作ってみることにしましょう。実際にブレッドボードの上で配線すると図 3.18 のようになります。ちょっとごちゃごちゃしていますが、図 3.19 と見比べて、よく確認してください。

次のようなところに、特に注意して確認しましょう。

- AC アダプタからの電源の向きは正しいですか？
- 発光ダイオード (LED) の向きは正しいですか？
- 74HC00 の 2 つの電源ピン (VCC と GND) は接続されていますか？
- 74HC00 の使っていない入力ピンは VCC または GND に接続されていますか？

最後の項目は、74HC00 の入力ピンで使用しないピンについての注意です。74HC00 には 4 個の NAND ゲートが入っていますが、いま使うのはこのうちの 1 個だけです。使わない残りの 3 個の NAND ゲートはほおっておかずに、「処理」をする必要があります。その理由はけっこう複雑な

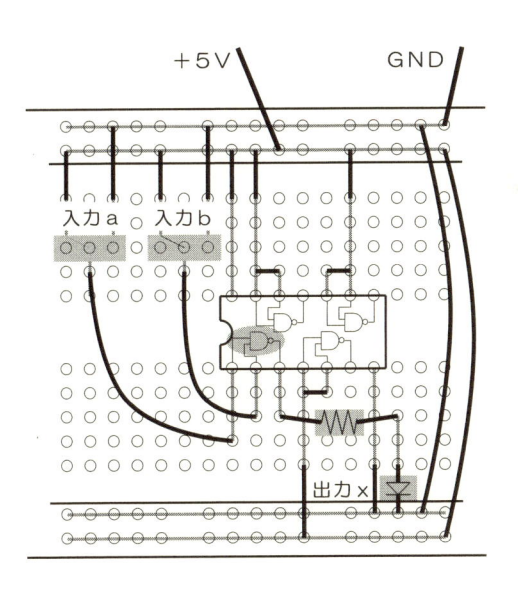

図 3.19　図 3.18 の配線図

のでここでは述べませんが、使わない「入力ピン」は基本的にVCCかGNDにつないでおく、ということをぜひ覚えておいてください(興味のある人は、拙著「ゼロから学ぶ電子回路」のMOSトランジスタの項をご参照ください)。使わない入力を何もつながないでおくと、そこの電圧が決まらないため、値が「0」とも「1」ともわからないわけですが、VCCまたはGNDにつなぐことで、「1」または「0」とはっきり示すことになりますので、こうするものだ、と理解していただければよいでしょう。なお、使わない「出力ピン」は、その値が「0」でも「1」でも、どうせ使っていませんので、何にもつながずにおいて構いません。

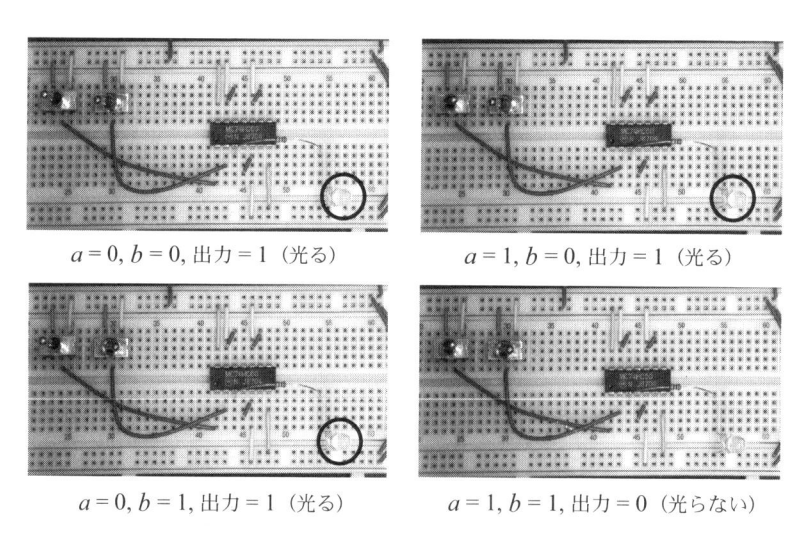

$a = 0, b = 0,$ 出力 $= 1$ (光る)　　　$a = 1, b = 0,$ 出力 $= 1$ (光る)

$a = 0, b = 1,$ 出力 $= 1$ (光る)　　　$a = 1, b = 1,$ 出力 $= 0$ (光らない)

図3.20　NANDゲートへの4通りの入力とそのときの出力のようす

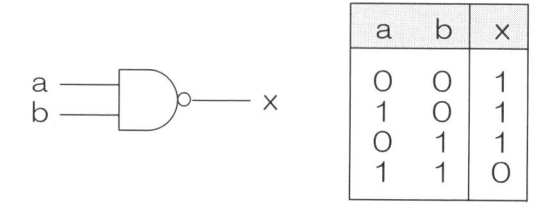

a	b	x
0	0	1
1	0	1
0	1	1
1	1	0

図3.21　NANDゲートの入力と出力との対応

さあ、AC アダプタをコンセントにさして、2 つのスイッチを切り替えてみましょう。図 3.20 のように、4 通りの入力の場合のそれぞれで、図 3.21 のような NAND ゲートの入力・出力の関係のとおり、LED が点灯・消灯することが確認できます。ちなみにこのように作った回路に初めて電源をつなぐことを「火入れ」と呼びますが、いくら自信がある回路でも、「本当に動くのか？」と、なかなかドキドキするものです。

もし LED がつかない、あるいは IC が熱くなる (あるいは煙が出る！) など、動作がおかしい場合は、すぐに AC アダプタをコンセントから抜き、配線などをもう一度チェックしてください。

ここでは、NAND ゲートを実際に使ってみましたが、いかがでしたか？

「0」とか「1」とか論理積・論理和とか言っているわけですが、この本の目的は、最終的には「論理回路」としてコンピュータをはじめとする実際の電子機器の中身のことを理解することですから、ぜひこのような「理論と実物の対応」を念頭に、ここから先も読んで行っていただければと思います。

3.4　NAND ゲートは何でも屋

NAND ゲートの活用法

さて、いままでは NAND ゲートだけを扱いました。使った IC も、74HC という IC のシリーズの中の 00 番、つまり一番最初のものでした。一番最初に NAND ゲートが入っている IC があるのには理由があります。というのも、実は NAND ゲートを使うと、他のすべての論理ゲート (つまりインバータ、OR ゲート、AND ゲートなど) を作ることができるのです。それぐらい応用範囲が広いために、00 番という一番最初に NAND ゲートがきているわけです。では、すべての論理ゲートが作れるとは、どういうことなのでしょうか。順番に見ていきましょう。

まず、$x = \bar{a}$ という論理式に対応するのがインバータ (NOT ゲート) でしたが、実はブール代数の性質から、次のような式が成り立ちます。

$$x = \overline{a \cdot a} = \bar{a}$$

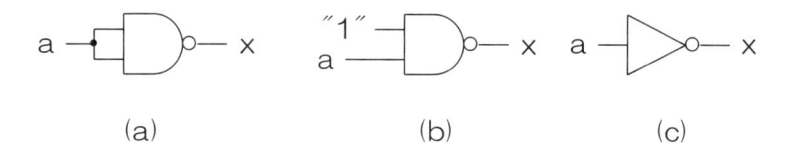

図 3.22　NAND ゲートからインバータを作る

つまり、同じ a という変数の論理積の否定 (つまり NAND) をとると、実は a の否定そのものだ、というわけです。ですから図 3.22(a) のように、NAND ゲートの 2 つの入力をつないでそこに入力 a を与えれば、その出力 x は a の否定 $\bar{a}$ そのものになります。これは a と x をインバータの入力と出力につないだ図 3.22(c) のような回路そのもの、ということになります。つまり NAND ゲート 1 個を使ってインバータと同じものを作ることができた、というわけです。ちなみにブール代数の性質から $a \cdot 1 = a$ ということも成り立ちますから、次の式も成り立ちます。

$$x = \overline{a \cdot 1} = \bar{a}$$

このことから、図 3.22(b) のように NAND ゲートの片方の入力を「1」(+ 5V の電源 VCC につなぐという意味) にしてもインバータを作ることができます。

次は論理積 (AND ゲート) です。そもそも「AND ゲートの否定」が NAND ゲートでした。ところが「否定の否定は肯定」、つまり $\bar{\bar{a}} = a$ ですから、NAND ゲートの否定は、まるで禅問答のようですが、実は AND ゲートになります。式で書くとこんな感じでしょうか。

$$x = \overline{(\overline{a \cdot b})} = a \cdot b$$

すなわち AND ゲートは、図 3.23 のように、NAND ゲートの出力をインバータ (ここではこのインバータも NAND ゲートから作ってみました)

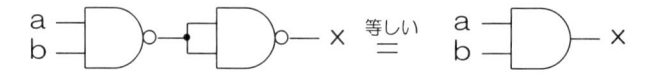

図 3.23　NAND ゲートから AND ゲートを作る

第 3 章◎組み合わせ論理回路を知ろう !

をつなげばよく、その出力 x が a と b の論理積になります。

さて、次は論理和 (OR ゲート) です。ちょっと複雑になりますが、第 2 章ででてきたブール代数のド・モルガンの定理は、次のような式が成り立つということでした。

$$x = \overline{a \cdot b} = \overline{a} + \overline{b}$$

この両辺の a, b のところを、それぞれ $\overline{a}, \overline{b}$ に置き換えた式を書いてみると、次のようになるはずです (否定の否定は肯定 $\overline{\overline{a}} = a$ ということを使っています)。

$$\overline{(\overline{a} \cdot \overline{b})} = \overline{\overline{a}} + \overline{\overline{b}} = a + b$$

この式の最右辺は、a と b の論理和、つまり作ろうとしている OR ゲートの出力そのものですね。ということは、図 3.24 のように、まず入力 a, b

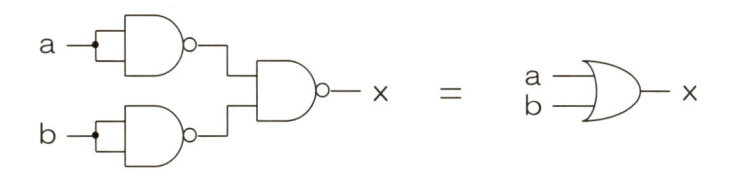

図 3.24　NAND ゲートから OR ゲートを作る

の否定 $\overline{a}, \overline{b}$ をインバータ (これも NAND ゲートで作っている) で求め、その出力をもう一度 NAND ゲートに入れれば、その出力が a と b の論理和そのものになる、というわけで、めでたく OR ゲートができました。ちょっと式変形がややこしいですが、よく確認しておいてください。

ちなみにここでド・モルガンの定理が出てきましたが、ド・モルガンの

図 3.25　ド・モルガンの定理と論理ゲートの変換

定理の 2 つの式は次のようなものでした。

$$\overline{a \cdot b} = \overline{a} + \overline{b}$$
$$\overline{a + b} = \overline{a} \cdot \overline{b}$$

これらは、それぞれ論理ゲートでは、図 3.25 のような変換に対応しています。この変換は実は知っているとたまに便利なので、ちょっと頭の隅に入れておいてください。

最後に NOR ゲートの作り方ですが、これは「OR ゲートの否定」ですから、これまでと同じように作ると図 3.26 のようになります。

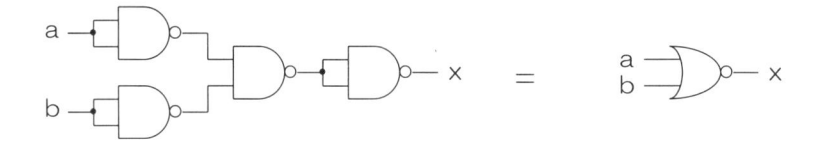

図 3.26　NAND ゲートから NOR ゲートを作る

以上のように、最大でも 4 個の NAND ゲートを使えば、すべての論理ゲート、つまり論理演算を表すことができる、というわけです。もちろんインバータ (74HC04)、AND ゲート (74HC08)、OR ゲート (74HC32)、

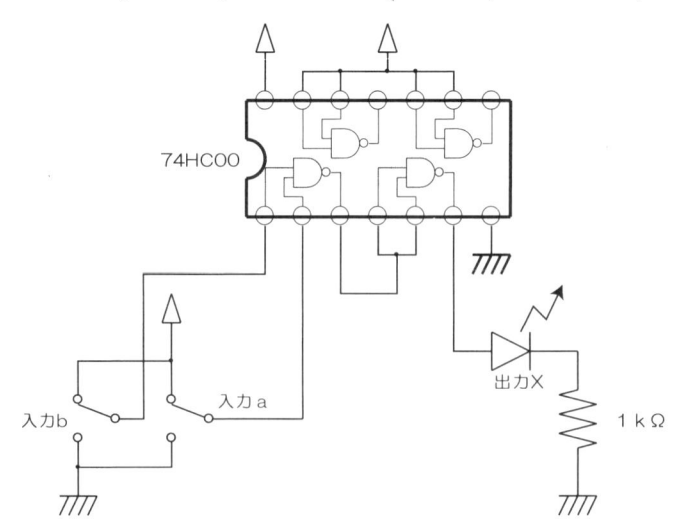

図 3.27　NAND ゲートから AND ゲートを作る

NORゲート(74HC02)のICも売っていますが、「1個だけORゲートがほしいんだけど、NANDゲートしか余っていない」というようなときには、便利な方法でしょう(こういうシチュエーションは回路設計をしているとときどきあります)。

　これらの3種類の論理ゲートの変換も、ブレッドボードと本物のICを使って確認してみましょう。例えば図3.27は、2個のNANDゲートからANDゲートを作るための配線です。実際に配線をすると図3.28のような感じになりますので、実際に手元の部品で配線をして、たしかにANDゲートになっていることを確認してみてください(もちろんインバータ、ORゲート、NORゲートも…)。

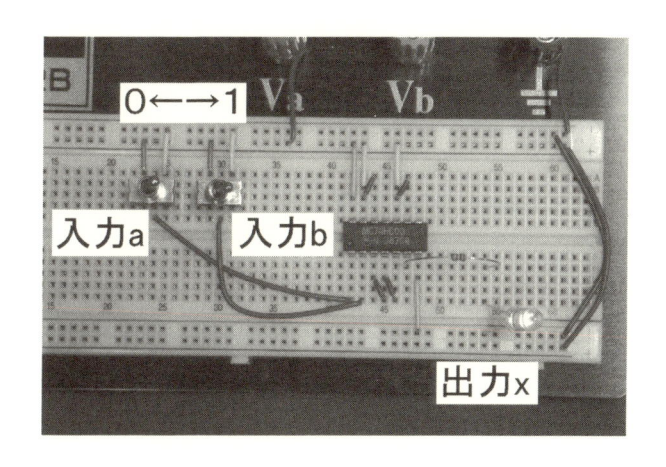

図3.28　ブレッドボード上でNANDゲートからANDゲートを作る

XOR論理ゲート

　ここまで5種類の論理ゲートを見てきましたが、実はもう1つだけ、ときどき使う論理ゲートがあります。とはいっても、新しい論理演算ではなく、論理和・論理積・否定の組合せの1つなのですが、aとbから次のような式でxを求める演算を考えます。

$$x = \bar{a} \cdot b + a \cdot \bar{b}$$

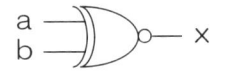

図 3.29 排他的論理和 (XOR) ゲート

　この少し長い演算を、これまた名前も長いのですが**排他的論理和** (Exclusive OR または XOR) と呼び、$x = a \oplus b$ という記号で書くことにします。

　排他的論理和 (この日本語は長いのでほとんど使われず、普通は **XOR 演算**と呼びます) に対応する論理ゲートである XOR ゲートは図 3.29 のような記号で書くことになっています。この XOR 演算の入力 a, b と出力 x の対応を、それぞれ値を代入して求めてみると次のようになります。

$a = 0, \quad b = 0 \quad \rightarrow \quad x = \overline{0} \cdot 0 + 0 \cdot \overline{0} = 0$

$a = 1, \quad b = 0 \quad \rightarrow \quad x = \overline{1} \cdot 0 + 1 \cdot \overline{0} = 1$

$a = 0, \quad b = 1 \quad \rightarrow \quad x = \overline{0} \cdot 1 + 0 \cdot \overline{1} = 1$

$a = 1, \quad b = 1 \quad \rightarrow \quad x = \overline{1} \cdot 1 + 1 \cdot \overline{1} = 0$

これは、a と b が同じでないときに $x = 1$ となるので、**不一致回路**とも呼ばれます。この XOR ゲートを、がんばって NAND ゲートだけで作って

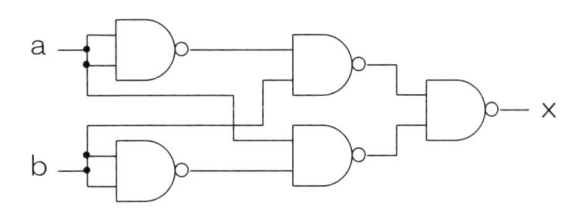

図 3.30　NAND ゲートで XOR ゲートを作る

みると図 3.30 のように 5 個の NAND ゲートが必要になります。

　もちろんこれも立派な XOR ゲートなのですが、実は全くの思いつきで、

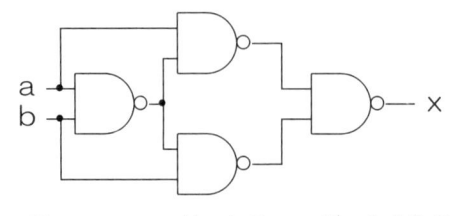

図 3.31　NAND ゲートで XOR ゲートを作る

第 3 章 ◎ 組み合わせ論理回路を知ろう！

図 3.31 のような回路を作っても、出力は XOR ゲートと全く同じになります。うそだろ？　と思う方は、ぜひ a, b の値の 4 通りの組合せを順番に代入して、回路図の中の値を追いかけていってみてください。くやしいけどたしかに XOR ゲートととして働いているはずです。

　この図 3.31 のような「うまい」回路は、「そんなの思いつくわけないじゃん!」という気もするのですが、まあ難しい数学の問題の解き方と同じで、「誰か頭のいい人が思いついた/考えたうまい方法(回路)」として、感心して、ありがたく結果だけ使わせていただくことにしましょう。

3.5　論理式を表現する

真理値表に慣れよう

　ここまでは論理ゲートを使って組合せ論理回路を考えてきましたが、第2章で見てきたように、論理回路を考える上では、0 か 1 の値のみを使うブール代数で考えるのでした。最終的には論理ゲートを使うとしても、その前に、このブール代数と組合せ論理回路をつなぐ理論について、順番に見ていくことにしましょう。

　例えば次のようなブール代数の式(ブール式・論理式)があったとします。

$$x = a \cdot b$$

つまり、0 か 1 しか値をとらないブール変数 a, b の論理積をとった結果が x である、というわけです。このように式で書いただけでは前の第2章となんら変わりがないのですが、よくよく考えてみると、a と b はそれぞれ 0 か 1 のいずれかなのですから、可能なパターンというのは、次のようにたった 4 通りしかありません。

　　$a = 0,　b = 0$
　　$a = 1,　b = 0$
　　$a = 0,　b = 1$
　　$a = 1,　b = 1$

これも、値が 0 と 1 しかありえないブール代数だからこそです。a や b が

a	b	x
0	0	0
0	1	0
1	0	0
1	1	1

図 3.32　x ＝ a・b の真理値表

普通の整数であったら、パターンはこんなに少なくありません (というか無限にあって書き出せません)。

　これらの 4 通りの a, b の値に対して、それぞれ x の値は「a と b の論理積をとる」ことで求めることができるわけですが、これもまとめて図 3.32 のような対応表にまとめてしまうことにしましょう。繰り返しますが、a と b の値の組合せはこの図 3.32 の 4 通り以外はありえませんから、この対応表さえあれば、x の値を求めるのに全く不自由しません。つまり「x はこのように求めるんですよ」ということを伝えるのには次の 2 通りの方法があり、いずれも使えることになります。

　① $x = a \cdot b$、または「x は a と b の論理積」と書く
　②図 3.32 のような対応表を書いてしまう

図 3.32 のような対応表も、論理式を表す立派な方法の 1 つ、というわけです。このような対応表のことを**真理値表** (truth table) と呼びます。

　この場合、論理式の右辺にでてくるブール変数が a と b の 2 つだけで、それぞれが 0 か 1 の 2 通りですから、全体として可能なパターンは $2 \times 2 = 4$ 通りでした。この右辺に a, b, c の 3 つの変数があれば、能なパターンは $2 \times 2 \times 2 = 8$ 通りになります。もう少し一般的な書き方をすると、論理式の右辺に n 個のブール変数があったとすると、全体で可能な値のパターンは 2^n 通りということになります。このような論理式から真理値表を作りたければ、n 個のブール変数の可能なすべてのパターンに対して、実際に左辺の x の値を求めて表にしていけばよいわけです。

　例として、3 個のブール変数がある次のような論理式があったとしましょう。

　　$x = a \cdot b + c$

この真理値表を作るためには、例えば $a = 0, b = 0, c = 0$ を代入すると

$x = 0$、という調子で、8通りのパターンの x を求めればよいわけで、その結果、図 3.33 のような真理値表ができるはずです。

真理値表から論理式へ

このように、論理式から真理値表を作るのは、すべてのパターンを調べればよいわけですから、がんばればなんとかなります。では逆に、真理値表から元の論理式を求める、ということはできないのでしょうか。例えば昔ある論理式があって図 3.34 のような真理値表を作ったのですがその元の論理式を忘れてしまって、この真理値表しか残っていないとしましょう。でもどうしても元の論理式が必要になったとしたら、どうしましょう？

実は、元の論理式の求め方というものが、ちゃんとあります。答えを先に書くと、真理値表の元の論理式は次のようになります。

$$x = \overline{a} \cdot b \cdot c + a \cdot b \cdot \overline{c}$$

a	b	c	x
0	0	0	0
0	1	0	0
1	0	0	0
1	1	0	1
0	0	1	1
0	1	1	1
1	0	1	1
1	1	1	1

図 3.33　$x = a \cdot b + c$ の真理値表

a	b	c	x
0	0	0	0
0	1	0	0
1	0	0	0
1	1	0	1
0	0	1	0
0	1	1	1
1	0	1	0
1	1	1	0

図 3.34　ある真理値表

なんで？　という気もしますが、順番に見ていくことにしましょう。

まず図 3.34 の真理値表をよく見ると、x が 1 になるところが、2 ヶ所だけあります。それは次のパターンです。

① $a = 0,\ b = 1,\ c = 1$
② $a = 1,\ b = 1,\ c = 0$

ここで唐突なのですが「$\overline{a} \cdot b \cdot c$」という論理式を考えてみましょう。つ

まり「a と b と c の論理積」というわけです。論理積というのは、logical and というぐらいですから、すべてが 1 のときだけ結果が 1 になる、というものでした。つまりこの「$\bar{a} \cdot b \cdot c$」の結果が 1 になるのは、「$\bar{a}$ と b と c がすべて 1 のときだけ」のはずです。$\bar{a} = 1$ というのは $a = 0$ と同じ意味ですから、少し言い方を変えると、「$\bar{a} \cdot b \cdot c$」が 1 になるのは、① $a = 0, b = 1, c = 1$ のときだけ、ということになります。実をいうと、この「$\bar{a} \cdot b \cdot c$」という式は、①について 1 となるだけでなく、さきほど、x はこういう論理式です、と示した式の右辺のうちの左半分なんですね。

同じように考えると、② $a = 1, b = 1, c = 0$ が 1 となるような式を求めると、「$a \cdot b \cdot \bar{c}$」になります。これが元の式の右辺の第 2 項です。

ここで求めた「$\bar{a} \cdot b \cdot c$」、「$a \cdot b \cdot \bar{c}$」は、それぞれ①、②のパターンでは、1 になりますが、他のパターンではすべて 0 になります。

最後に 2 つの式の論理和 ($\bar{a} \cdot b \cdot c + a \cdot b \cdot \bar{c}$) をとれば答えになります。論理和「+」というのは、どちらかが 1 のときに結果が 1 になるというものでしたから、どちらかの式が 1 になるパターンのときにのみ、この式は 1 になるわけです。無事に、この真理値表の論理式が求められました。

$$x = \bar{a} \cdot b \cdot c + a \cdot b \cdot \bar{c}$$

いかがでしたか？ 唐突だったので面食らっている方もいらっしゃると思いますので、もう 1 つ例をあげてみましょう。

図 3.35 のような真理値表から x の論理式を求めてみることにします。

a	b	c	x
0	0	0	0
0	1	0	0
1	0	0	0
1	1	0	0
0	0	1	1
0	1	1	1
1	0	1	1
1	1	1	0

図 3.35　ある真理値表 (その 2)

図の真理値表から、$x = 1$ となるのは次の 3 通りです。

① $a = 0, b = 0, c = 1$
　　→　つまり、$\bar{a} \cdot \bar{b} \cdot c = 1$
② $a = 0, b = 1, c = 1$
　　→　つまり、$\bar{a} \cdot b \cdot c = 1$
③ $a = 1, b = 0, c = 1$
　　→　つまり、$a \cdot \bar{b} \cdot c = 1$

$x = 1$ となるのはこのいずれかですから、

これらの3つの式の論理和をとれば、次のような x の論理式が求められてしまいます。

$$x = \bar{a} \cdot \bar{b} \cdot c + \bar{a} \cdot b \cdot c + a \cdot \bar{b} \cdot c$$

いかがでしょう？　戸惑ってしまった方は、ここまでのところを読み返してみてください。

このように、真理値表から論理式を作る手順は大きく次の2つのステップからなることになります。

① $x = 1$ となる $a = 0, b = 0, c = 1$ などのパターンから $\bar{a} \cdot \bar{b} \cdot c$ などの式を作る

② 上で求めたすべてのパターンの式を論理和で結ぶ

①で求める、$\bar{a} \cdot \bar{b} \cdot c$ というような形の式は、a, b, c などの各ブール変数またはその否定の論理積の形をしていますが、この式のことを**最小項**(minterm)と呼びます。最終的に②で求められる論理式は、この最小項の論理和の形、というわけです。そして、このような手順で求められた論理式のことを、最小項(＝論理積)の論理和、という意味で**積和標準形**(sum of products)と呼びます。ブール代数的ではない言葉が混じっていますが、sum というのは和、product というのは積、という意味です。それぞれ論理和、論理積の意味で使っていて、sum of products、つまり各変数の論理積 (products) の論理和 (sum) というわけです。

この積和標準形を求める方法を使えば、どんな真理値表からでも、論理式を書くことができます。なかなか便利な方法ですね。

論理式をほどく

さきほどの調子で、図3.36のような真理値表から、元の論理式を作ってみましょう。実はこの真理値表は $x = a + b$ という「論理和」の真理値表なのですが、さっきと同じように、真理値表の中に3ヶ所ある1のところに注意して素直に作ってみると、次のようになるはずです。

a	b	x
0	0	0
0	1	1
1	0	1
1	1	1

図 3.36　$x = a + b$ の真理値表

$$x = \bar{a} \cdot b + a \cdot \bar{b} + a \cdot b$$

この論理式で間違いありません。実際に a, b にそれぞれ $0, 1$ の値を代入してみると、次のようになります。

$a = 0, \ b = 0 \ \rightarrow \ a + b = 0, \ \bar{a} \cdot b + a \cdot \bar{b} + a \cdot b = 0$
$a = 1, \ b = 0 \ \rightarrow \ a + b = 1, \ \bar{a} \cdot b + a \cdot \bar{b} + a \cdot b = 1$
$a = 0, \ b = 1 \ \rightarrow \ a + b = 1, \ \bar{a} \cdot b + a \cdot \bar{b} + a \cdot b = 1$
$a = 1, \ b = 1 \ \rightarrow \ a + b = 1, \ \bar{a} \cdot b + a \cdot \bar{b} + a \cdot b = 1$

つまり、図 3.36 の真理値表から作られた論理式と元の論理式は、実際に同じことを表している (等価である) が確かめられました。

とはいっても、同じことを言っている割には、積和標準形で作った式は項が 3 つもあって、$x = a + b$ という論理式のほうは 2 つしかありません。

しかし、2 つは等価なのですから、積和標準形のほうの論理式を変形していけば、$a + b$ という論理式になると予想されます。

一般に複雑な論理式を、それと等価な、しかしより簡単な論理式に変換することを**簡略化**といいますが、この場合の $x = \bar{a} \cdot b + a \cdot \bar{b} + a \cdot b$ も、簡略化をすると $x = a + b$ となるはずです。では、このような論理式はどのように簡略化すればいいのでしょうか。

多少大変ではありますが、普通の数学の式の展開のように、ブール代数の式変形を繰り返していくと、論理式の簡略化をすることもできます。$x = \bar{a} \cdot b + a \cdot \bar{b} + a \cdot b$ の場合は、次のように変換をすることができます。

$$\begin{aligned}
x &= \bar{a} \cdot b + a \cdot \bar{b} + a \cdot b \\
&= \bar{a} \cdot b + a \cdot b + a \cdot \bar{b} + a \cdot b \quad (\leftarrow a \cdot b + a \cdot b = a \cdot b) \\
&= (\bar{a} + a) \cdot b + (\bar{b} + b) \cdot a \quad (\leftarrow くくる) \\
&= a + b \quad (\leftarrow \bar{a} + a = 1, \bar{b} + b = 1)
\end{aligned}$$

こんな式変形思いつくわけないじゃん、という気もします。が、基本的には式変形だけで論理式を簡略化できます。しかし、いつもこんなうまい式変形を思いつくとは限りませんから、なんか、こう、もう少し「頭を使わなくていい方法」というのはないものなのでしょうか。

カルノー図で 論理式をほどく

「あまり頭を使わなくても」論理式の簡略化ができる方法のうち、比較的 (いやかなり) 便利なのが、**カルノー図** (Karnaugh map) と呼ばれるものを使う方法です (Karnaugh というのは人名)。

カルノー図というのは、真理値表を 2 次元にしたような図で、変数の値に応じたマス目を用意して、その変数の値に応じた論理式の値を書き込んだものです。といってもなんのことかわからないので、実際にカルノー図を書いてみましょう。

図 3.37 は、$x = \bar{a}$ (a の否定) という論理式から作ったカルノー図です。この論理式では変数が a の 1 つだけで、その値は 0, 1 のいずれかですから、マス目は 2 ヶ所です。このマス目の左側に書いてあるのが a の値、そのすぐ右側のマス目の中の数字が、a に対応する x の値です。例えば上側のマス目は $a = 0$ のときの x の値を書き、それは $x = \bar{0} = 1$ ですから「1」と書いてあります。

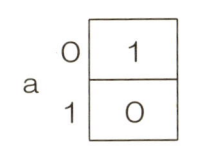

図 3.37　$x = \bar{a}$ のカルノー図

カルノー図は、変数が 2 つのときでも作ることができ、例えば論理積 $x = a \cdot b$ のカルノー図は図 3.38 のようになります。変数が a, b と 2 つあるので、a を縦に、b を横に並べます。a, b の値の組み合わせは $2 \times 2 = 4$ 通りあるので、実際カルノー図のマス目も 4 個になっています。ここに論理式の値を埋めていくわけですが、例えば 4 個のうち左上のマス目は、$a = 0, b = 0$ に対応した x の値ですから、$x = 0 \cdot 0 = 0$ が書いてあります。同じように右上のマス目は、$a = 0, b = 1$ に対応した x の値ですから、x

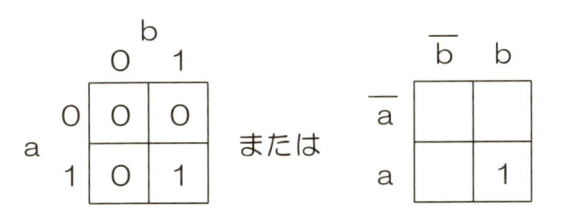

図 3.38　$x = a \cdot b$ のカルノー図

$= 0 \cdot 1 = 0$ となっています。

　ちなみに図3.38の右側の書き方もカルノー図の書き方の1つで、4個のマスの外側に、a や b の値ではなく、$a, \bar{a}$ と書いてあります。つまり $a = 1$ の代わりに a と書き、$a = 0$ の代わりに $\bar{a}$ と書くわけです。さらに、x の値が0のところは、省略してマス目を空欄にしてあります。このように、カルノー図を書く方法は2通りあるわけですが、右側の書き方でも十分に意味はわかる(はず)なので、これ以降は右側の書き方を使うことにしますので、ぜひこの書き方に慣れていってください。

　別の論理式のカルノー図を書いてみましょう。例えば論理和 $x = a + b$ のカルノー図は図3.39のようになります。これまでと同様に、a, b の4通りの値の組み合わせそれぞれに、x の値を求め、$x = 1$ となるところだけに「1」と書いたものです。

　ここでもう少し別のことを考えてみましょう。

　このカルノー図の4個のマス目には3つの「1」ありますが、このうちの2つは下の段 ($a = 1$) に横に並んでいます。左下の「1」は $a = 1$ かつ $b = 0$ に対応する「1」ですから、これを論理式で書くと $a \cdot \bar{b}$ となります。実際、$a = 1, b = 0$ のときは $a \cdot \bar{b} = 1$ となりますね。同じように、右下の「1」は $a \cdot b$ という論理式になります。

図3.39　$x = a + b$ のカルノー図

　さて、この両方ともが $x = 1$ ということは、x の論理式にはこの2つの項の論理和が入っていることを意味します。つまり、x の論理式には $a \cdot \bar{b} + a \cdot b$ という部分が入っているわけです。そして、この式は次のように簡略化することができます。

$$a \cdot \bar{b} + a \cdot b = a \cdot (\bar{b} + b) = a$$

　ものは考えようで、この2つの「1」は、カルノー図の中ではともに a のところに横並びになっていたのですから、実は b が0であろうと1であろうと、$a = 1$ であれば $x = 1$ となるんだな、と考えることもできます。

この2つの「共通な部分」は a である、と言ってもいいでしょう。

さらに、カルノー図全体を見てみると、もう1つ、右上のマス目に「1」があり、これは $\bar{a} \cdot b$ と書けます。x の全体を考えるときには、この「1」もあるわけですから、結局 x が 1 となるのは次の 2 通りの場合ということになります。

①カルノー図の下に 2 つ横に並んだ「1」、つまり a
②カルノー図の右上の「1」、つまり $\bar{a} \cdot b$

このどちらの場合でも $x = 1$ となるわけですから、x の論理式は次のように書くことができます。

$$x = a + \bar{a} \cdot b$$

あれ？　もともとこのカルノー図は $x = a + b$ という論理和のものだったはずなので、また結果が違うのでは？　という気もしますが、これは簡略化が不十分なために違う式になっているように見えるだけです。もう一声、簡略化を考えてみましょう。

さきほどのカルノー図の中で、右上の「1」のために $\bar{a} \cdot b$ という項を作りました。しかし見方によっては、このカルノー図の右側の上下に 2 つ、「1」が並んでいるように見えなくもありません。右側の 2 つの「1」をまとめて表すのであれば、b のところの列に上下に並んでいますから、この 2 つの「1」をさっきと同様にまとめると、b という項になります。そして x 全体ではこの 2 つの「1」のペアを表す a と b のどちらか、というわけですから、x は次のように書けるはずです。

$$x = a + b$$

おっと。これはもともとカルノー図を書く前に考えていた論理和そのものです。これで十分に簡略化できたようです。

このようにカルノー図を見たら、図 3.40 のように**並んでいる 1 を探してくくる**という操作が有効です。なので、カルノー図を見たら、「どこがくくれるかな？」と探すくせをつけておくとよいでしょう。

ところで、くくる過程をよく見てみると右下の「1」が 2 回くくられていますが、これは大丈夫なのか？と気になる人もいるかもしれません。結論から言うと、カルノー図で「くくる」場合は、いくら重複しても構いま

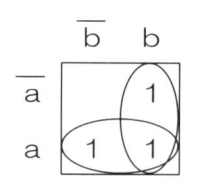

図3.40 x＝a＋bのカルノー図のくくり方

せん。なぜなら、下の左右並びの「1」が$a \cdot \bar{b} + a \cdot b$、というのも、右の上下並びの「1」が$\bar{a} \cdot b + a \cdot b$、というのも、重複している右下の「1」に対応する$a \cdot b$が入っているからです。ブール代数の性質から$a \cdot b + a \cdot b = a \cdot b$ですから、この2つの論理和をとって$x$の論理式を作るときには、$(a \cdot \bar{b} + a \cdot b) + (\bar{a} \cdot b + a \cdot b)$とやっても、結局$a \cdot \bar{b} + a \cdot b + \bar{a} \cdot b$と同じことで、図3.40のカルノー図とは変わりがありません。

というわけで、カルノー図を使って簡略化された論理式を作りたいときは、できるだけカルノー図の中の「1」を、重なっても構わないのでできるだけ大きく「くくる」ことが有効ということになります。

また、カルノー図はどんな論理式からでも作ることができます。例えばさきほど論理和の真理値表から積和標準形で求めた式からカルノー図を作ると、やはり図3.39のようなカルノー図になります。このカルノー図を書いた後は、さきほどの手順で最終的に$x = a + b$という簡略化された論理式が出てきますから、結果としては論理式の簡略化ができた、ということになります。

このように、カルノー図を使うと、論理式の簡略化ができ、しかもあまり「頭を使わずに」できるのです。

もう少し大きなカルノー図

さきほどは変数がa, bの2つの場合のカルノー図を考えてきましたが、実はこのカルノー図、変数が3つ以上の場合でも使うことができます。例えば次の式のカルノー図を書いてみましょう。

$$x = a \cdot b \cdot \bar{c} + \bar{a} \cdot \bar{b} \cdot c + a \cdot \bar{b} \cdot c + a \cdot b \cdot c$$

この場合、3つの変数a, b, cの場所を用意しなければなりません。それぞれが0, 1の2通りで、合計$2^3 = 8$通りの組合せがありますから、こ

れのカルノー図には8個のマス目が必要です。この8個を2×4に分けるとして、図3.41のようにマス目を用意することにしましょう。

横の$\bar{c}$とcはさきほどの2変数のときと同じですが、縦に4つならんでいるところに、a, bの値の組み合わせを書きます。この4つのa, bの値の組は、上から順に次のようになっています。

$\bar{a}, \bar{b}$: $(0, 0)$
$\bar{a}, b$: $(0, 1)$
a, b : $(1, 1)$
$a, \bar{b}$: $(1, 0)$

図3.41　a, b, cの3つの変数のためのカルノー図の準備

これは、$a = 1$となるのは3つ目と4つ目で、$b = 1$となるのは2つ目と3つ目というように、aの0と1、bの0と1がそれぞれ2つずつ上下に並ぶように書いてあるわけです。どうしてこのような順番で書くのかは、後でわかりますので、いまのところは、まあそんなものか、と思っておいてください。

さあ、このカルノー図のマス目を埋めてみましょう。さきほどの論理式には4つの項がありますから、このカルノー図には4つの「1」が入るはずです。例えば1つ目の$a \cdot b \cdot \bar{c}$という項を考えると、カルノー図の左列の下から2つ目に「1」が入ることがわかります。このように図を埋めていくと、図3.42のようなカルノー図ができあがります。

せっかくカルノー図を書いたので、この図を使って、論理式を簡略化してみましょう。つまりできるだけ大きく「1」

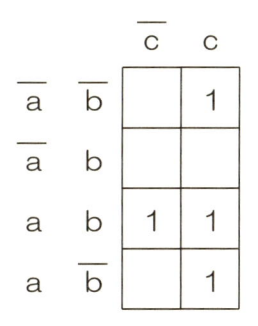

図3.42　3つの変数の論理式のカルノー図

を「くくる」わけです。まず a, b の右に、横に 2 つならんでいる「1」があります。この 2 つは、それぞれ $a \cdot b \cdot \overline{c}$ と $a \cdot b \cdot c$ に対応しますが、この 2 つを「くくる」と、c の値には無関係に「1」であるわけですから、$a \cdot b$ という式になります。

残った 2 つの「1」は、右上と右下の 2 ヶ所ですが、この 2 つは離れているので「くくる」ことができないように見えます。ところがよくよく見てみると、両方とも $\overline{b}$ という共通部分があります。つまり一番上の行は $\overline{a} \cdot \overline{b}$、一番下の行は $a \cdot \overline{b}$ ですから、実は $\overline{b}$ でつながっているのです。このことから図 3.43 のように「くくる」ことができて、$\overline{b} \cdot c$ という項になります。

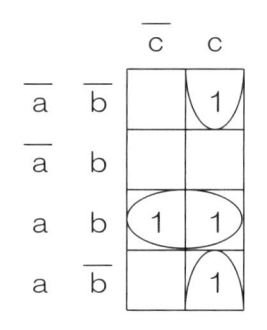

図 3.43 3 つの変数の論理式の
カルノー図のくくり方

カルノー図の中の「1」はこれですべて網羅できましたから、最終的な x の論理式は、この 2 つの項をあわせた次の式になります。

$x = a \cdot b + \overline{b} \cdot c$

ところでさきほどカルノー図を書くとき、a, b それぞれの 0, 1 が 2 つずつ並ぶようにしました。この並び方を 2 進数の順番のように変えて、図 3.44 のようなカルノー図を書くことも可能です。しかしこの場合、本来は「くくる」ことのできる 2 つの「1」が離れているため、そのことが見つけにくいという難点があります。そのため、このような「くくり」を見つけやすくするためにも、図 3.43 のような順序でカルノー図を書くように心がけましょう。

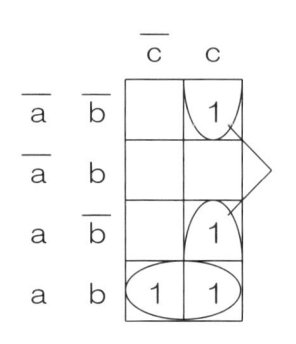

図 3.44 順番を変えた 3 つの変数
の論理式のカルノー図

念のためカルノー図を使って論理式を簡略化する手順をまとめておくと、次のようになります。

> ①カルノー図を書いて、
> ②共通項を「くくって」、
> ③その共通項の論理和の形にする

don't care 項

　これでだいたいカルノー図についてはすべてなのですが、もう少しだけ、カルノー図にかかわる話を見ておきましょう。

　論理式を考えるとき、場合によっては、ある特定の変数の値は0でも1でも構わない、あるいはその項のことは考えない、ということがたまにあります。

　例えば、$x = a + b$ という論理和の式があって、この変数である a, b の値が何かのスイッチの ON/OFF に対応しているのですが、両方のスイッチが OFF、つまり $a = b = 0$ となる場合がありえない、という状況があるとしましょう。ということは、このスイッチの ON/OFF から $x = a + b$ を求めるときに、$a = b = 0$ という場合は、そもそもありえない、というわけです。

　この「ありえない」をどう解釈するかというのが、重要な点になってきます。

　「そもそも $a = b = 0$ はありえないんだから、このときの x の値は0でも1でも構わない」と考えることにしてみましょう。もともとの論理式は $x = a + b$ ですから、$a = b = 0$ を代入すると $x = 0$ となりますが、この値のままで構いません。たとえ、$a = b = 0$ のとき $x = 1$ となるというような論理式にしてあったとしても、そのほかの場合、つまり (a, b) = (0, 1), (1, 0), (1, 1) の3通りの場合で x の値が正しければ、「バレない（なんら支障がない）」わけです。

　仮に $a = b = 0$ のとき $x = 1$ となるような論理式を作ってみると、実は $a = b = 0$ 以外の3通りの場合はいずれも $x = 1$ ですから、結局 a, b のどんな値のときも $x = 1$ となってしまいます。つまり、x を表す論理式

は「$x = 1$」である、というわけです。

　うそだろ？　と思っても、そもそも $a = b = 0$ の場合は「考えなくてもいい」わけですから、$x = a + b$ を $x = 1$ と書いても、支障がないわけです。

　このように、考えなくてもいい変数の組み合わせのことを **don't care 項** と呼びますが (そのまんまですね)、この場合は $a = b = 0$、つまり $\overline{a} \cdot \overline{b}$ が don't care 項であるということになります。この条件の下では、$x = a + b$ という論理式は、実は $x = 1$ と簡略化することができます。

　この don't care 項を含むような論理式を、カルノー図を使って簡略化してみましょう。例えば次のような論理式があったとします。

$$x = \overline{a} \cdot b \cdot c + a \cdot b \cdot \overline{c}$$

　　　　　(ただし、$\overline{a} \cdot b \cdot \overline{c}$, $a \cdot b \cdot c$, $\overline{a} \cdot \overline{b} \cdot \overline{c}$ は don't care 項)

この場合は 3 つの don't care 項があるわけです。don't care 項をカルノー図では ＊ 印を使って書くことにすると、この論理式のカルノー図は図 3.45 のようになります。

　このカルノー図ですが、いままでのように「1」のところを見ても、「1」が並んでいないので「くくる」ことができず、したがって簡略化もこれ以上はどうしようもありません。

　しかし 3 つある don't care 項をうまく使ってみましょう。

		$\overline{c}$	c
$\overline{a}$	$\overline{b}$	＊	
$\overline{a}$	b	＊	1
a	b	1	＊
a	$\overline{b}$		

図 3.45　don't care 項を含むカルノー図

　don't care 項は、値が 0 でも 1 でも構わない項のことでしたから、さきほどの例のように、「都合のいいように」考えていいわけです。カルノー図を使って簡略化をするときは、できるだけ大きく「くくり」たいので、3 つの ＊ のうち、中央の 2 行にある 2 つの ＊ を「1」、左上の ＊ を「0」と考えて、図 3.46 のようにカルノー図を書き換えてみましょう。

　こうすると、だいぶ「1」がまとまってきました。中央付近に 4 つ固まっ

ている「1」のうち、上半分の 2 つは $\overline{a}\cdot b$、下半分の 2 つは $a\cdot b$ ですが、この 2 つをさらにくくると、$\overline{a}\cdot b + a\cdot b = b$ となります。

結局、もともと＊だった部分も含めてこの 4 つの「1」を「くくって」b というたった 1 つの項になりますから、最終的な x の論理式は次のような単純な式になります。

		$\overline{c}$	c
$\overline{a}$	$\overline{b}$		
$\overline{a}$	b	1	1
a	b	1	1
a	$\overline{b}$		

図 3.46　don't care 項を都合よく考えたカルノー図

$$x = b$$

don't care 項を 0 と考えるか 1 と考えるかはカルノー図次第ですが、できるだけ「まとまった 1」がとれるように(つまり都合のいいように)考えるようにしましょう。

もっと変数が多いカルノー図

もう少し欲張って、変数が 4 つの場合のカルノー図も考えておきましょう。次のような論理式からカルノー図を作ってみます。

$$x = a\cdot\overline{b}\cdot\overline{c}\cdot d + a\cdot b\cdot c\cdot d$$

(ただし $a\cdot b\cdot\overline{c}$,　$a\cdot\overline{b}\cdot c$,　$a\cdot c\cdot\overline{d}$ は don't care 項)

この場合は変数が 4 つありますから、$2^4 = 16$ 個のマス目を用意するために、図 3.47 のような 4×4 のマス目を作ります。a と b は左側に、c と d は上側に、3 変数のときと同じような順番で並んでいます。

このカルノー図は 4 変数のうえ、さらに don't care 項がありますが、さきほど don't care 項のうまい使い方というのを見て

		$\overline{c}$ $\overline{d}$	$\overline{c}$ d	c d	c $\overline{d}$
$\overline{a}$	$\overline{b}$				
$\overline{a}$	b				
a	b	＊	＊	1	＊
a	$\overline{b}$		1	＊	＊

図 3.47　4 つの変数を含むカルノー図。しかも don't care 項つき

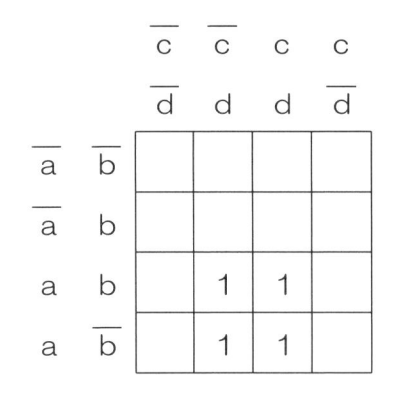

	$\bar{c}$	$\bar{c}$	c	c
	$\bar{d}$	d	d	$\bar{d}$
$\bar{a}\,\bar{b}$				
$\bar{a}\,b$				
$a\,b$			1	1
$a\,\bar{b}$			1	1

図 3.48　4つの変数を含むカルノー図。don't care 項は修正済み

いましたので、もう一度使ってみましょう。

この場合、真ん中の下半分にある 2×2 のマス目だけを「1」として、他の * は「0」と考えると、図 3.48 のようなカルノー図になります。

ここまできてしまえば、このカルノー図の中の「1」はこのかたまりだけですから、この 2×2 個のかたまり、つまり $a \cdot d$ だけが x の「1」の部分で、結局次のようになります。

$$x = a \cdot d$$

えらく簡単になりました。

3.6　論理回路から論理式へ

この章の前半では論理ゲートを、中盤では論理式のことを見てきました。最後に、この両者をつなぐ部分を見てみましょう。

例えば、図 3.49 のような論理ゲートからなる組合せ論理回路があったとします。この回路図から、最後の出力である x を、a, b, c で表す、つまりこの組合せ論理回路に対応する論理式を作ることを考えてみましょう。

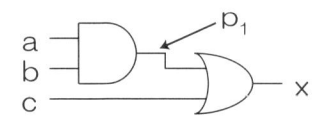

図 3.49　ある組合せ論理回路

実はこの章の前半の節でなんとなく使っている方法なのですが、組合せ論理回路から論理式を作るためには、各論理ゲートの入力と出力の対応を順に書いていきます。

まず、図 3.49 の中の途中の p_1 の部分は、左側の AND ゲートの出力ですから次のような論理式になります。

$p_1 = a \cdot b$

次に、右側の OR ゲートは 2 つの入力が p_1 と c、出力が x ですから、次のような論理式になります。

$x = p_1 + c$

この式を上の式に代入して p_1 を消去すると、次のような式が得られます。

$x = a \cdot b + c$

これが、まさに図 3.49 の組合せ論理回路を使って得られる出力 x を表す論理式ということになるわけです。

もう少し別の例を見ておきましょう。図 3.50 のような組合せ論理回路の出力 x を表す論理式を求めたいとします。

まず、図 3.50 の中の p_1 は、a, b, c という 3 つの入力に持つ OR ゲートの出力ですから、p_1 は a, b, c の論理和ということになり、次のようになります。

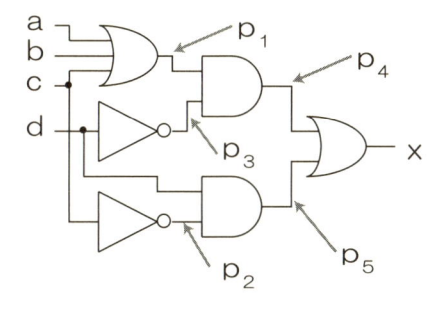

図 3.50　ある組合せ論理回路 (その 2)

$p_1 = a + b + c$

いま、なにげなく 3 つの変数の論理和と 3 つの入力がある OR ゲートを使っていましたが、2 変数・2 入力のものと基本的には同じです。3 変数の論理和であれば、3 つのうちどれかが「1」であれば出力も「1」となる、というだけのことです。

他の部分も同じようにして、次のような論理式が導かれるはずです。

$p_2 = \bar{c}$
$p_3 = \bar{d}$
$p_4 = p_1 \cdot p_3$
$p_5 = p_2 \cdot d$

$$x = p_4 + p_5$$

これらを順に代入して、$p_1 \sim p_5$ を消去すると、最終的に次のような x を表す論理式が導かれるはずです。

$$x = (a + b + c) \cdot \bar{d} + \bar{c} \cdot d$$

慣れてきたら、このような中間の式を作らなくても、図 3.51 のように左から右、入力から出力へ順に論理式を書いていって、最終結果を求めてもよいでしょう。

このような方法を使うことで、どのような組合せ論理回路でも、途中の論理ゲートを順番に考えていくことによって、出力に対応する論理式を導くことができます。

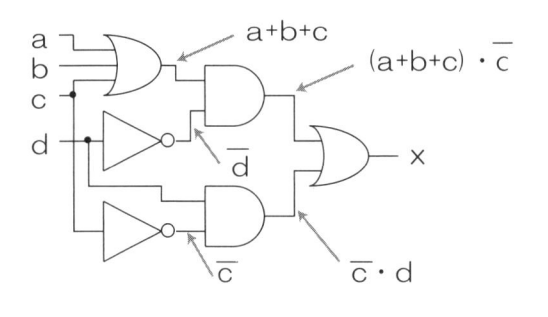

図 3.51　ある組合せ論理回路(その2)の論理式の求め方

やっぱり NAND ゲートは便利

前半の節で、論理ゲートとしての NAND ゲートの活用法を紹介しましたが、組合せ論理回路から論理式を導くときには、場合によっては NAND ゲートを AND・OR ゲートに戻してから論理式を導いた方が便利なこともあります。

図 3.52 の左側のゲートは NAND ($\overline{a \cdot b}$) ゲートですが、ド・モルガンの定理から $\overline{a \cdot b} = \bar{a} + \bar{b}$ が成立しますから、右側のゲート ($\bar{a} + \bar{b}$) と等価です。

図 3.52　NAND ゲートの 2 つの書き方

このような NAND ゲートの変形をうまく使うと、例えば図 3.53 のよ

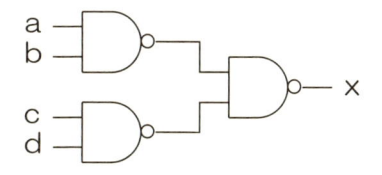

図 3.53　簡略化したい回路

うな回路をもう少し簡単にすることができます。ちなみにこの回路からそのまま論理式を求めると次のようになります。

$$x = \overline{\overline{(a \cdot b)} \cdot \overline{(c \cdot d)}}$$

それでは、図 3.54 のような手順にしたがって、まず右側の NAND ゲートを変形し、OR ゲートと否定を表す○印 2 つに変形します。

次にこの 2 つの○を、ツツーっと左のほうに移動します。そして左側に 2 つある NAND ゲートのそれぞれにくっつけようとすると、○印が 2 つ、串団子のようにつながりますが、○印が 2 つということは、否定を 2 回、という意味ですから、否定の否定は肯定 $\overline{\overline{a}} = a$ というわけで、○印を 2 個まとめて消してしまっても構いません。

その結果、図 3.54 の右端のように AND ゲートと OR ゲートだけで書くことができます。このように変形したあとで、この回路の論理式を求め

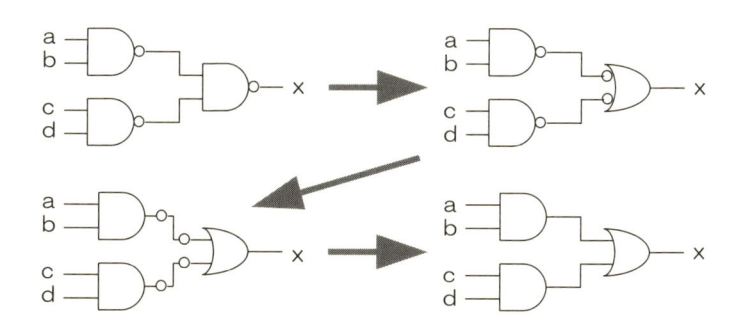

図 3.54　回路の変形（AND-OR 回路になる）

ると次のようになるでしょう。

$x = (a \cdot b) + (c \cdot d)$

　この結果は、式変形によって導かれるはずなのですが、式のままで変形するよりも、慣れれば論理回路を書いて、図 3.54 の NAND ゲートの変形を使ったあとで求めたほうが、求めやすいこともあります。

3.7　積和標準形から論理回路へ

　現実的な問題として、論理式を作るときは真理値表やカルノー図を使うことが多く、その結果、次のような積和標準形と呼ばれる形式で求められることが多いのでした。

$x = a \cdot b \cdot c + a \cdot c + b \cdot c \cdot d$

　素直にこの積和標準形から、論理ゲートを使った組合せ論理回路を作ってみると、図 3.55 のようになるはずです。

　おや？　と思った人は、この図の組合せ論理回路の回路図から論理式を求めてみてください。たしかに上の式のようになるはずです。

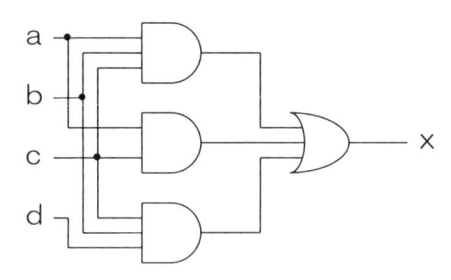

図 3.55　積和標準形から組み合わせ論理回路へ

　そもそも積和標準形の論理式というのは、①論理積からなる項を作り、②それらの論理和をとる、という 2 段階でできている論理式ですからこれに対応する組合せ論理回路を考えれば、まず論理積の部分に対応する AND ゲートが並んでいて、それらの AND ゲートの出力を OR ゲートに入れて、その OR ゲートの出力が全体の出力、というような形に必然的

になってしまうことになります。

　このような、まず AND をとって、次にそれの OR をとる、という回路構成を **AND-OR 型** と呼びますが、基本的に真理値表やカルノー図から積和標準形で作られた論理式を組合せ論理回路にすると、この型となるわけです。

　なお、真理値表やカルノー図から積和標準形を作ると、a, b だけでなく $\bar{a}, \bar{b}$ といった、もともとの変数の否定も式の中に出てくることが多くあります。例として、次のような論理式 (実は XOR 演算) から組合せ論理回路を作ることを考えてみましょう。

$$x = a \cdot \bar{b} + \bar{a} \cdot b$$

このような場合、図 3.56 のように a, b の否定である $\bar{a}, \bar{b}$ をまずはインバータで作っておき、式の中に出てくる可能性のあるすべての入力である $a, \bar{a}, b, \bar{b}$ をまずは横に延ばしておきます。

　続いて、AND ゲートを 2 個おいて必要なところをつなぎ、最後に 2 個の AND ゲートの出力を OR ゲートで結ぶ、という形を取ると、すっきりと組合せ論理回路の回路図を書くことができます。変数が多く式が複雑になると、とたんに回路図を書くのが大変になったりするのですが、こんな場合でも、この図のような書き方をするとすっきりと書けるでしょう。

　このように、与えられた論理式から対応する組合せ論理回路を作ることを、**論理合成** (logic synthesis) と呼びますが、ぜひいろんな例で、この論理合成の練習をしてみてください。いくつか例題をあげておきます。

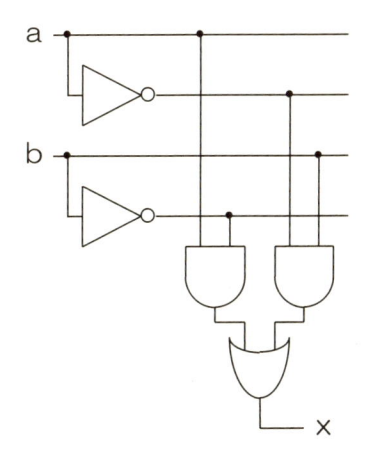

図 3.56　積和標準形から組合せ論理回路へ

[例題]（解答は 214 ページ）

① $x = a \cdot b + b \cdot c + a \cdot d$　　（実は a, b は一部共通になる）

② $x = \bar{a} \cdot b + b \cdot c$　　（a のすぐ後にインバータを 1 個入れる）

③ $x = a \cdot b + a \cdot c + a \cdot d \cdot e$　　（3 入力の AND ゲートを使う）

④ $x = a \cdot b + a \cdot \bar{c} + \bar{a} \cdot d + c \cdot d \cdot e$

3.8　足し算をする論理回路

　どんな組合せ論理回路でも、真理値表やカルノー図を使えば論理合成ができるわけですが、「意味がある」機能を持つ組合せ論理回路には、特に名前がついているものがあります。多くは第 4 章で見ていきますが、ここではまずはその 1 つを紹介しておきましょう。

　それは、「0」または「1」の入力 a, b に対して、a と b の「和」(論理和ではなく、足し算の結果の意味です) を求めるもので、このような組合せ論理回路を**半加算器** (half adder) と呼びます。この半加算器の真理値表は図 3.57 のようになります。2 つある出力のうち、s が足し算の結果 (sum)、c が桁上がり (carry、キャリー)、ということにしておきましょう。ミソは $a = b = 1$ の場合で、$1 + 1 = 2$ といいたいところですが結果は 2 進数ですから、$1 + 1 = 10$ となります。そのためこのときは $c = 1, s = 0$ となっています。

a	b	c	s	
0	0	0	0	(0+0=00：10進数で0)
0	1	0	1	(0+1=01：10進数で1)
1	0	0	1	(1+0=01：10進数で1)
1	1	1	0	(1+1=10：10進数で2)

図 3.57　半加算器の真理値表

　この真理値表から論理式、さらには組合せ論理回路を作ってみましょう。まずは真理値表から積和標準形の論理式を求めると次のようになります。

$s = \bar{a} \cdot b + a \cdot \bar{b}$

$c = a \cdot b$

　これから組合せ論理回路を合成すると、図 3.58 のような回路になりま

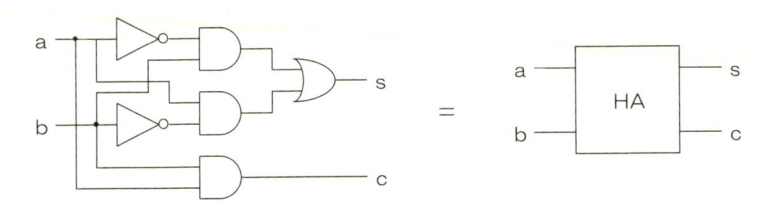

図 3.58　半加算器の論理回路とシンボル図

す。これが「足し算をする論理回路」です。このように「意味のある機能を持つ回路」は、図のように、四角で入出力のみを持つ記号でまとめて書いておくことにしましょう。

3.9　論理回路の「スピード」

いままであまり触れずにきましたが、実は論理ゲートが入力を受け取って出力を求めるまでには、非常にわずかですが時間がかかります。つまり図 3.59 のように、入力が変化すると、すぐに出力がそれにあわせて変化をせず、ほんの一瞬だけ遅れて出力が変化をします。

このような、入力が変化してから出力が変化するまでの遅れの時間、いわば「論理ゲートを信号が通るのにかかる時間」のことを**論理遅延** (logic delay、または単に delay) と呼びます。

例えば図 3.60 は、前に実験した日立製作所製の 74HC00 のデータシートの一部です。この

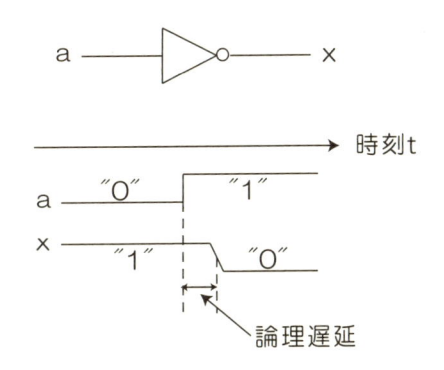

図 3.59　論理ゲートの遅れ

ように、市販されている論理ゲート IC には、論理遅延がどれぐらい、ということが書かれているはずです。

実は 74HC00 というのはかなり遅い部類であり、論理遅延は 10ns 程

			Ta = 25°C			Ta = -40~ +85°C			
項目	記号	V_{CC} (V)	Min	Typ	Max	Min	Max	単位	測定条件
伝搬遅延時間	t_{PLH}	2.0	—	—	90	—	115	ns	
		4.5	—	9	18	—	23		
		6.0	—	—	15	—	20		
	t_{PHL}	2.0	—	—	90	—	115	ns	
		4.5	—	8	18	—	23		
		6.0	—	—	15	—	20		
出力上昇時間	t_{TLH}	2.0	—	—	75	—	95	ns	
		4.5	—	7	15	—	19		
		6.0	—	—	13	—	16		
出力下降時間	t_{THL}	2.0	—	—	75	—	95	ns	
		4.5	—	7	15	—	19		
		6.0	—	—	13	—	16		
入力容量	Cin	—	—	5	10	—	10	pF	

図 3.60　74HC00 のデータシートの一部

度 (ちなみに 1ns は 10 億分の 1 秒) ですが、パソコンの中に入っている IC などの最先端のものでは、速いもので 10ps 程度 (ちなみに 1ps は 1 兆分の 1 秒) にもなります。まさに「一瞬」なのですが、実はコンピュータの動作速度を制限する要因の 1 つでもあります。

　CPU の動作クロックが何 MHz(あるいは何 GHz) というのを聞いたことがあると思いますが、例えば 1GHz というのは、1 秒間に 1G 回、つまり 10^9 = 10 億回の動作をする、ということです。ということは 1 回の動作あたりの時間は 10 億分の 1 秒、つまり 1ns ですから、仮に論理遅延が 10ps という非常に高速な組合せ論理回路でも、論理ゲートを 100 段も通れば、1 周期あたりに結果が求まらず、正しく動作ができないわけです。論理ゲート 100 段というのは、CPU のように複雑な論理回路では十分ではないので、まさに論理遅延が、CPU、さらにはコンピュータの性能を制限している要因の 1 つであるわけです。

　ちなみに積和標準形から論理合成して作られる AND-OR 型の組合せ論理回路は、入力から出力までに信号が「通る」ゲートの数が必ず 3 段 (a から $\bar{a}$ を作るインバータ・AND ゲート・OR ゲート) であるという特徴があります。これは実用上はかなり便利なポイントで、入力から出力までの論理遅延が、論理式や回路の複雑さにはほぼ関係なく、3 段分の論理ゲートの遅延が全体の論理遅延になるため、動作速度の見積もりがしやすい、という利点があります。

なんでもQアンドA

Q　なぜいろいろな真理値表があるの？
秋田　論理式ごとに、1つの真理値表があります。つまり論理式では、右辺に a, b などの値を代入すると左辺の x の値が決まりますから、a, b などと x との対応表が作れるはずで、これが真理値表です。

Q　カルノー図がよくわからない。
秋田　真理値表の、書き方をちょっと変えたものだと理解してください。

Q　カルノー図で変数が5つ以上になると？
秋田　5つ以上はつらいですね。5変数以上ではあまりカルノー図は使わないように思いますし、人力で簡略化するのはほとんど不可能です。

Q　ブール代数やカルノー図の論理回路との関連がわからない。
秋田　ブール代数やカルノー図は、論理回路を扱う上での「言葉」です。この「言葉」を一通り見て、使えるようになったら、その次はいよいよ論理回路です。

Q　ブール代数では式変形というのは必須？
秋田　式変形というよりも、「論理式の簡略化」は必須、と考えてください。論理回路を作る段階になると、論理式を簡略化してから論理回路を作ったほうが圧倒的に便利ですのでそのときに振り返ってみてください。

Q　ブール式の式変形のコツというのは？
秋田　うーむ。これは経験じゃないでしょうか。ひらめきに頼る部分もあります。ただ、ブール式(論理式)のままでの変形は、ほとんど行うことはありません。カルノー図などを使って論理式を簡略化することが、論理式の式変形のすべてだと思っていただいてもかまわないと思います。

Q　カルノー図で囲う部分が重なってもよいのはなぜ？

秋田　ブール代数では、$1 + 1 = 1$、だからです。…と書くと禅問答のようですが、それが答えです。囲った部分は、例えば論理和の例では「a」や「b」という項になりますが、この2つが重なるときの a, b の値（つまり $a = b = 1$ のとき）に対しては、この2つの項「a」「b」は、両方とも「1」になります。ところが $x = a + b$ としても、$1 + 1 = 1$ ですから、たしかに $x = 1$ となります。したがって、$a = b = 1$ のときには $x = 1$、ということに矛盾していないため、問題はありません。

Q　カルノー図を用いると、必ず同じ簡略化した結果が得られる？

秋田　囲うポイントを間違えたり見落としたりさえしなければ、基本的には同じ結果が得られるはずです。

Q　簡略化が完全に行われたことはどうやってわかる？

秋田　カルノー図をよく見て、「まだ囲えるところはないか？」とよく探してください。しばらく考えて見つからなければ、完全な簡略化と考えてよいでしょう（実は一般に簡略化が完全であるであるかどうかを調べる完全なアルゴリズムは存在しません）。

私のコレクション

　私は、いま「集積回路」を専門としているわけですが、もちろん子供のころからこんなことをやっていたわけではありません。私が現在のところにたどり着くまでに、出会って転機となった機器や電子部品をいくつか紹介しましょう。

2SC372

　その昔、代表的だったトランジスタの型番です。3本足にツバがあっ

て、なんだかわくわくする形でした。なんででしょうね。表面のツヤや、ツバの丸み、表面に書いてある型番の文字の形とかは、いまでも鮮明に覚えています。これのおかげで、電子工作の本を見て電子キットを作ったりするようになったような気がします。

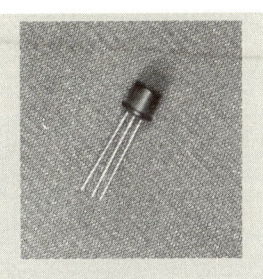

2SC372

SN7400

　本文でも出てくる、論理ゲート(NANDゲート)が入っているICの「74HC00」の仲間で、初期のものです。電子工作の本でも、中学校のころになるとこういうICを使ったものが多くなってきて、世界の変わり目を肌で感じたものでした。これのおかげ(せい?)で電子回路・論理回路の世界に本格的に引きずり込まれたような気がします。

SN7400

Z80

　コンピュータの心臓部ともいえるマイクロプロセッサで、1980年ごろに世界を席巻した製品です。ほとんどのパソコンに入っていたような気がします(最近で言うIntel-Insideみたいな感じでしょうか)。そのころは、これでプログラムを書くときに、C言語のような、人間がわかる言語ではなくてもっとマイクロプロセッサの言葉に近いアセンブリ言語や、マシン語(機械語)そのもので書いていたもので

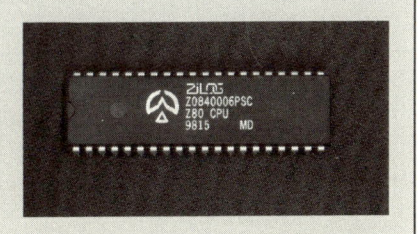

Z80

した。そのおかげ(せい?)で、Z80のマシン語はいまでも結構覚えています。

歴代Pentium

これはほとんどコレクターのレベルです。秋葉原のジャンク屋で100円～500円くらいで売っているので、ときどき買っていたら、下の写真のようにたくさん貯まってしまいました。

この中にはPentium90MHzがたくさんあります。実は、一時期「バグつきPentium騒動」というのがあり、そのCPUがPentium90MHzだったのです。ある割り算をすると結果が違ってしまって、インテル社が回収して大騒ぎになったことがあるのですが、この原因が、割り算をする回路の入れ忘れだったらしく、もしかしたら顕微鏡で見れば、抜けている部分がわかるかも? と思って、いろいろ揃えてみました。ただ残念なことに、すべてはずれ(あたり?)で、バグつきのものではなかったので、引き続きチャレンジしています。

歴代Pentium

第4章
順序回路で記憶させよう！

4.1 「記憶」を持つ論理回路

　第3章で見てきた組み合わせ論理回路は、論理回路の出力がある瞬間の入力の値のみによって決まるタイプのものでした。この類の論理回路は、たしかに便利なのですが、もう少し「賢い」ことを論理回路にさせようとすると、これでは不十分になります。私たちの人生でも、今をどう生きていくか？　目の前の問題をどう対処するか？　ということも大切ですが、それ以上に、過去に学んだり、自分の経験を通して判断をするということも非常に大切で重要ですよね。

　組合せ論理回路は、今の入力の値のみ、つまり「現在」だけを考えるタイプの論理回路であるわけですが、論理回路の世界にも、「過去」のことを考慮するタイプのものがあり、むしろこちらのほうが大切だったりします。

　例えば図4.1のような自動販売機を考えてみましょう。この中も論理回路で動いているわけですが、この自動販売機の入金金額の表示器を動かしている論理回路のことを考えてみましょう。お金を入れる前は、

図4.1　自動販売機

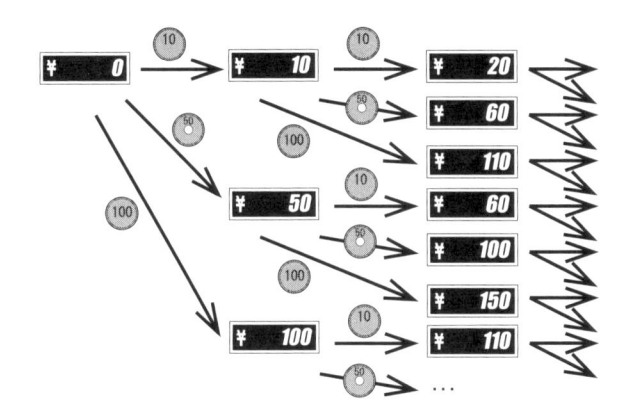

図 4.2　自動販売機に入れるお金と表示

　当然表示は「0円(または無表示)」です。そしてジュースを買おうとしてお金を入れるわけですが、ここで入れるコインによって、この表示が変わります。

　まず100円から入れると、表示は「100円」になりますし、細かい方の10円から入れれば、表示は「10円」になります。そこから先は、次にどのコインを入れるかによって表示はどんどん変わっていきます。例えば100円を入れた後で10円を入れると「110円」になるわけです。

　このように、この自動販売機の金額表示器の表示、つまりこれを制御している論理回路の出力は、「いま入れたコイン」だけでなく、「それまでに入っていた金額」と「いま入れたコイン」の両方によって決まるわけです。この金額表示器の論理回路の出力は、いままでにいくら入れたか、ということを「記憶」しておいて、その記憶と、いま入れたコインとから、出力である「次の金額表示」を決めることになります。

　このように、出力が過去の記憶(履歴)にも関係して決まるタイプの論理回路を**順序回路** (sequential logic circuit) と呼びます。この章では、この順序回路のことを考えていきましょう。

4.2 「記憶」する論理回路：フリップフロップ

順序回路を考えていく上で、まずはこの回路のキモである「記憶」する論理回路のことを考えてみましょう。

インバータのペア

2個のインバータを、図4.3のようにつないだ回路を考えてみましょう。この回路を**インバータ・ペア**と呼びますが(そのまんまですね)、この中の a の部分の値を考えてみます。なお、a, b の値の組のことを**状態** (state) と呼びます。

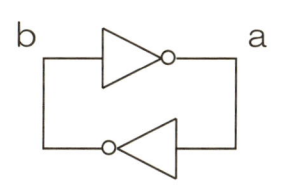

図4.3　インバータのペア

この a は当然ブール変数ですので、その値は「0」か「1」のいずれかであるわけですが、仮にいま、$a = 0$ であるとしてみましょう。すると図4.3の下にあるインバータの出力 b は $b = \bar{a}$ ですから、$b = 1$ となります。

さらに、この $b = 1$ を今度は上にあるインバータにあてはめるとその出力 a は 0 になり、最初に仮定した $a = 0$ に戻ります。

だから？　という気もしますが、この状況を言い換えると $(a = 0, b = 1)$ という値の組は、これはこれで「自己完結」していることになります。このように、自己完結している状態のことを**安定** (stable) といいます。

ただし、すべての論理回路が安定というわけではありません。例えば図4.4のように、1個のインバータの入力と出力をつないでみたとしましょう。

まず $a = 0$ とすると、b はインバータの出力ですから $b = 1$ となります。この b は、そのまま a につながっていますから、$a = 1$ となります。さらに、この $a = 1$ から、次は $b = 0$ になっ

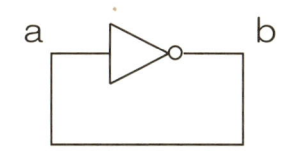

図4.4　1個のインバータのループ

てすなわち $a = 0$ になって…、と延々と続くわけです。これを、横軸を時刻 t としたグラフで示すと、図 4.5 のようになるでしょうか。

まず最初の $a = 0$ から、少し時間が経ってから (これがこのインバータ

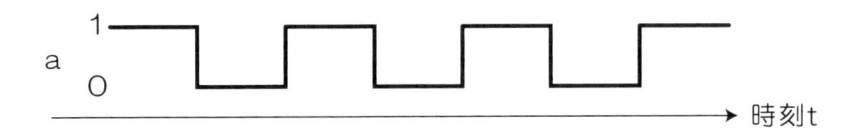

```
a  1 ___      ___      ___      ___
       |__|  |__|  |__|  |__|         → 時刻t
   0
```

図 4.5　1 個のインバータの値の変化

の論理遅延ですね) $a = 1$ となり、さらに少し時間が経ってから $a = 0$ となり…、という感じがよくつかめると思います。このような状態を「不安定」といいます (変な日本語ですが「無安定」ということもあります)。

さきほどの図 4.3 のインバータ・ペアではこのようなことは起こらず、最初に $a = 0$ であればずーっと $a = 0$ で安定しています。もちろん $a = 0$ というのは仮定だったわけですが、逆に最初に $a = 1$ であると仮定しても、同じように $(a = 1, b = 0)$ という状態が安定であることがわかります。つまり、インバータ・ペアは最初に何らかの事情によって a と b の値の組 (状態) が決まると、その状態はずーっと変わりません。

この最初にどちらの状態だったかは、例えば IC を使って回路を作って電源を入れるときのタイミングによって決まったりします。たまたま電源を入れたときに $(a = 1, b = 0)$ だったら、そのあとは電源を入れている限りはずーっとこのままです。安定なのはいいですが、「ずーっと変わらない」のでは使いようがありません。

S-R フリップフロップ

インバータ・ペアは、最初に状態が決まってしまうと、手のつけようがありませんでしたので、外からいじれるような論理回路に改造してみましょう。

まず、なにかとよく使う NAND ゲートを利用することを考えてみま

しょう。NAND ゲートの使い方は前にやりましたが、改めて NAND ゲートの真理値表を図 4.6 に示しておきましょう。

この見慣れた真理値表を、もう一度よーく見てみると、こんな見方ができます。

① **b = 0** とすると、a に関係なく、**x = 1 で一定**になる
② **b = 1** とすると、$x = \bar{a}$、つまり**インバータ**になる

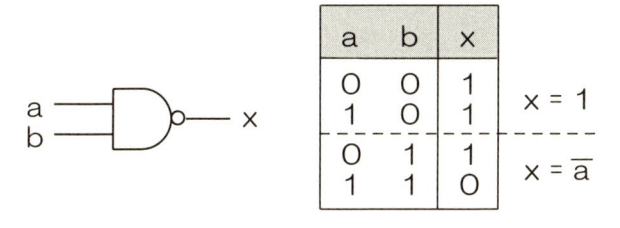

図 4.6 　再度、NAND ゲート

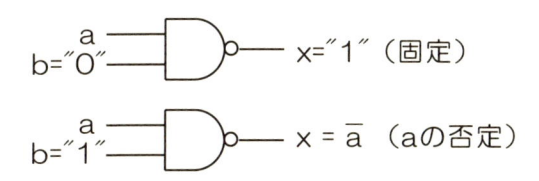

図 4.7 　NAND ゲートのはたらき

つまり、片方の入力の値を変えることによって、図 4.7 のようにインバータになるか、出力が「1」で一定となるかが決められるというわけです。

さらに、NAND ゲートを使って、図 4.8 のような回路を作り、a, b の値を変化させて、その出力 x, y の変化を調べてみましょう。

① まず最初は、$a = 1, b = 1$ であるとします (図 4.9)。このとき、上下の NAND ゲートは、両方とも片方の入力が「1」ですからインバータと同じになりま

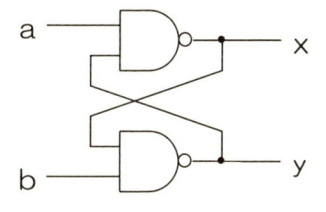

図 4.8 　2 つの NAND ゲートのペアの回路

す。つまり、この回路は実は図4.3で考えたインバータ・ペアとまったく同じであり、この回路の出力であるxとyは$(x=0, y=1)$か$(x=1, y=0)$のどちらかの状態で安定することになります（インバータ・ペアですから両方とも0だったり、1だったりすることはありません）。そこで、$(x=0, y=1)$という状態で安定したと仮定します。

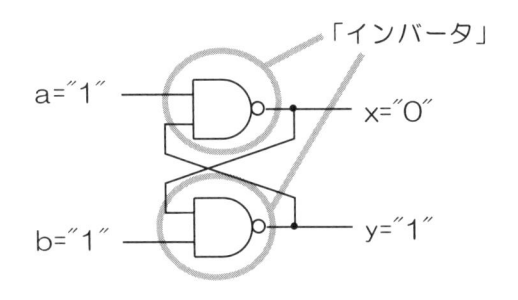

図4.9　a＝1としたときのようす

②次に$b=1$のまま、$a=0$としてみましょう（図4.10）。すると上のほうのNANDゲートの出力xは、無条件で$x=1$と確定します。一方、下のNANDゲートはインバータのままですので、この$x=1$を受けて$y=0$となり、$(x=1, y=0)$という状態で安定します。

③次は元に戻して$a=1$としてみましょう。すると2つのNANDゲートはともにインバータになりますから、再び最初のインバータ・ペアに戻ります。この場合はインバータ・ペアに戻った時点の状態で安定しますから、直前までの状態、つまりさきほど$a=0$としたことで作られた$(x=1, y=0)$という状態で安定することになります。

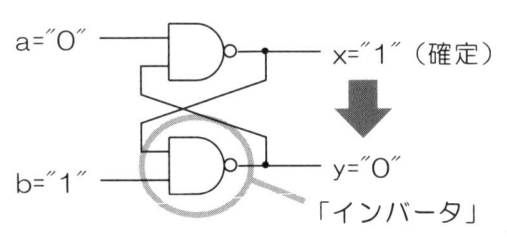

図4.10　a＝0としたときのようす

④今度は$a=1$のまま、$b=0$としてみましょう。すると今度は2つのNANDゲートのうち、下のほうの出力、つまりyが無条件で「1」で確定します。そして上のNANDゲートはインバータのままですから、$x=0$となり、図4.11のように、さきほどとは逆の$(x=0, y=1)$という状態で安定することになります。

第4章◎順序回路で記憶させよう！

⑤最後に $b = 1$ に戻すと、この直前の状態、つまりさきほど $b = 0$ としたことで作られた $(x = 0, y = 1)$ という状態のままで安定することになります。

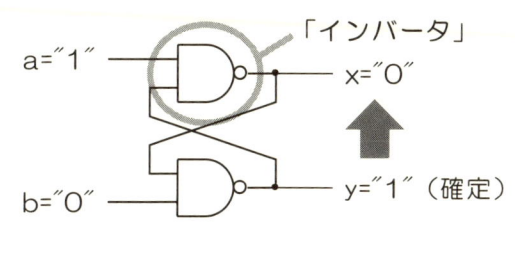

図 4.11　$b = 0$ としたときのようす

少し複雑でしたが、いかがでしょうか？　図 4.8 と NAND ゲートの真理値表を見比べながら、じっくり理解してください。

以上の過程を、横軸を時刻 t にして縦軸を a, b, x, y の値としたグラフで表すと図 4.12 のようになります。

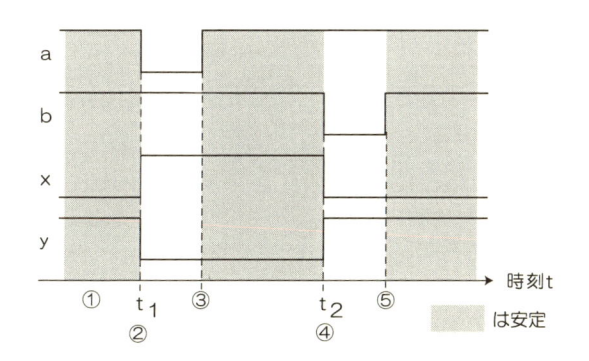

図 4.12　この回路の動作のタイミングチャート

このようなグラフを**タイミング・チャート** (timing chart) と呼びます。このグラフを見るときは、各値のグラフのうち、上のほうが「1」、下のほうが「0」と読んで、値が変化したタイミング、つまりグラフが上または下へ動いたタイミングに注目しましょう。

この図の場合では、最初は $(x = 0, y = 1)$ ですが、時刻 $t = t_1$ で $a = 0$ となったタイミングで $(x = 1, y = 0)$ に変化し、そのあとで $a = 1$ に戻っても、x, y は変化しません。そして時刻 $t = t_2$ に $b = 0$ となると、今度は $(x$

= 0, y = 1) に変化し、そのあと b = 1 に戻っても x, y は変わりません。

この回路では、このように a = 1, b = 1 のときの x, y は、その直前の値、つまり状態を**保持** (hold) することになります。この様子は、いわばシーソーのようなもので、一度どちらかにパタンと傾くと、誰かが再び動かすまでは、その傾いたままの状態から変わらずに「保持」、いわば「記憶」されます。このような動作から、図 4.12 のように **2 つの安定な状態がある**回路のことを**フリップフロップ** (flip-flop) と呼びます。シーソーが動くときの音を、日本語では「ぎったんばっこん」とか言いますが (あれ、言いませんか。もしかして方言 ?)、この音、英語では「フリップフロップ (flip-flop)」と言うのだそうです。そのため、このシーソーのような回路のことを「フリップフロップ」と呼ぶわけです。

上で見てきた回路も当然フリップフロップの 1 つであるわけですが、特に**セット・リセット・フリップフロップ**、または **S-R フリップフロップ** (S-R Flip-Flop) という名前がついています。S-R Flip-Flop といのも長いので、よく SR-FF と略されたりします。

図 4.13 シーソー

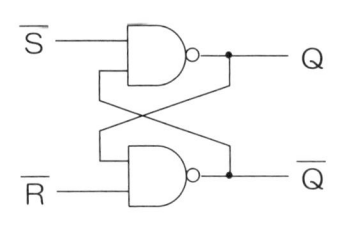

図 4.14 セット・リセット・フリップフロップ

どうしてセット・リセットなフリップフロップと呼ばれるのでしょうか。

各入力と出力を図 4.14 のように名前をつけなおし、$\overline{S}$ を**セット**(Set)**バー**、$\overline{R}$ を**リセット** (Reset) **バー**と呼ぶことにします。出力 Q を「1」にすることを「**セットする**」、逆に Q を「0」にすることを「**リセットする**」といいま

第 4 章◎順序回路で記憶させよう！

す。この $\overline{S}$ の上にある横棒は「この入力が「0」のときに意味をなす」という意味の記号です。ちょっとややこしいのですが、この場合は、$\overline{S} = 0$ となったときに $Q = 1$、つまり Q を「セットする」という意味です。このように信号名の上にバーがついていて、値が「0」のときに意味をなす信号を**負論理**と呼びます。逆に値が「1」のときに意味をなす普通の信号は**正論理**です。同じように $\overline{R}$ も、$\overline{R} = 0$ のときに $Q = 0$、つまり Q を「リセット」します。

実際このS-Rフリップフロップのタイミングチャートを入出力名を書き換えて図4.15のように書いてみると、たしかに $\overline{S} = 0$ のときに $Q = 1$ に「セット」されています。また $\overline{R} = 0$ のときに $Q = 0$ に「リセット」されていることもわかります。なお、2つの出力である Q と $\overline{Q}$ は、常に値が逆、つまり $\overline{Q}$ はまさに Q の「否定」となります。

$\overline{S} = 0$ のとき、Q は 1 にセットされる
$\overline{R} = 0$ のとき、Q は 0 にリセットされる

いかがでしょう？

S-Rフリップフロップになって、一気に動作が複雑になりました、順を追って、あるいは次の実験をしてみて、ぜひしっかり頭に入れておいてください。

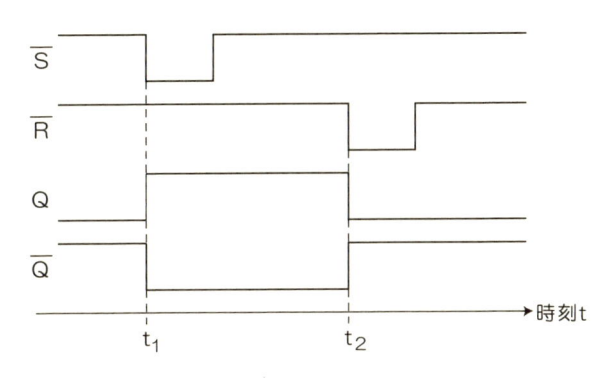

図4.15 S-Rフリップフロップのタイミングチャート

4.3　論理回路で遊んでみよう (2)

　せっかくですので、この S-R フリップフロップを実際の IC を使って作って遊んでみましょう。以前使った部品をもう一度使ってみます。あのときは NAND ゲートを使いましたが、この S-R フリップフロップも、NAND ゲートからできていますので、あのときと同じように回路を作れば OK です。

　ここでは図 4.16 のように、NAND ゲートが入っている 74HC00 を使ってみることにしましょう。入力である S, R にはそれぞれスイッチを接続して値を変えれるようにし、出力である $Q, \overline{Q}$ には発光ダイオード (LED) を接続して出力の値を見ることにしましょう。

　図 4.15 のような順序で 2 つのスイッチを切り替えて「0」と「1」を入力してみると、出力の LED は S-R フリップフロップの通りに点灯・消灯します。単純ながらも、値を「記憶」する回路ができたわけです。

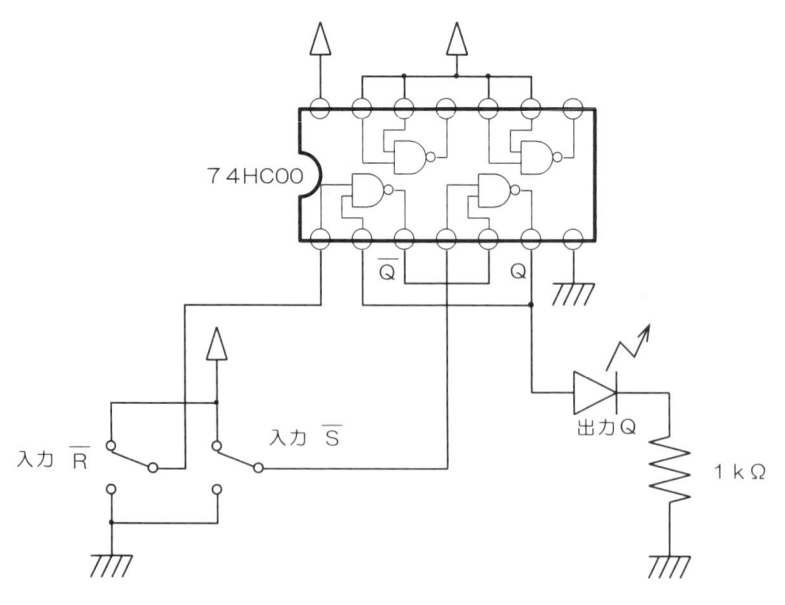

図 4.16　74HC00 を使った S-R フリップフロップの回路

第 4 章◎順序回路で記憶させよう！

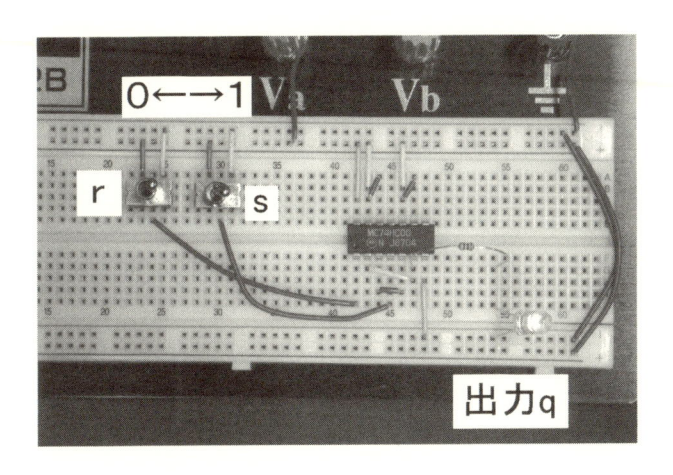

図 4.17　74HC00 を使った S-R フリップフロップ回路の全体の配線

4.4　いろんなフリップフロップ

タイミングを制御できるフリップフロップ

　もう少し別のフリップフロップを考えてみましょう。といってもベースになるのは S-R フリップフロップです。

　S-R フリップフロップの入力部分に NAND ゲートをつないで図 4.18 のような回路を作ります。名前の由来は後で触れますが、この回路を**同期式 S-R フリップフロップ** (synchronous S-R Flip-Flop) と呼びます。C の変化に対する出力 Q の変化に注目しながら、これの動作を順番に考えていくことにしましょう。

　① まず $C = 0$ のときを考えます。左側に NAND ゲートが 2 つありますが、$C = 0$ なので、NAND ゲートの性質か

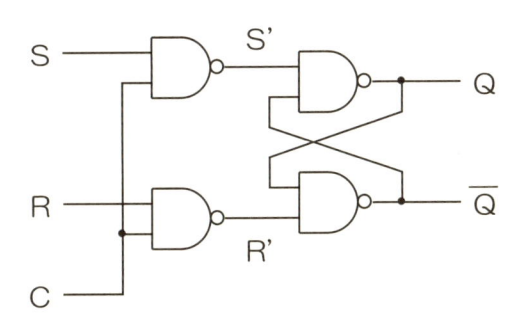

図 4.18　同期式 S-R フリップフロップ

ら、S, R とは無関係に $S' = R' = 1$ となります。この回路の右半分は S-R フリップフロップそのもので、さっきは $\bar{S}, \bar{R}$ と表された入力が、ここでは S' と R' となっているだけです。この S' と R' が、$S' = R' = 1$ を満たすのですから、出力 $Q, \bar{Q}$ の値は「保持」されます。結局のところ、$C = 0$ ならば、出力 $Q, \bar{Q}$ の値は S, R の値とは無関係に、常に保持されることになります。

②次に $C = 1$ とし、仮にこのとき $S = 1, R = 0$ であるとしましょう。$C = 1$ ですから、図 4.19(a) のように、左側の 2 つの NAND ゲートはともにインバータになります。よって、$S' = 0, R' = 1$ となります。このとき、右側の S-R フリップフロップの $\bar{S}$ に相当する S' が 0 になりましたので、出力 Q がセットされ、$Q = 1, \bar{Q} = 0$ となって安定します。逆に $S = 0, R = 1$ であれば図 4.19(b) のように $S' = 1, R' = 0$ ですので、この場合は $Q = 0, \bar{Q} = 1$ で安定します。

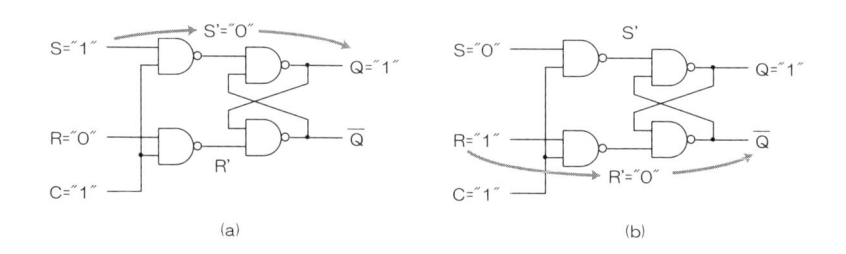

図 4.19　同期式 S-R フリップフロップの動作

③さて、再び $C = 0$ とすると、また無条件で $S' = R' = 1$ となって、$Q, \bar{Q}$ は直前の $C = 1$ のときにとっていた状態のままで安定したまま、ということになります。

以上のことからこの回路は、**$C = 1$ のときだけ S-R フリップフロップとして働き**(ただし $\bar{S}$ と $\bar{R}$ の代わりに S と R)、**$C = 0$ のときは S-R フリップフロップは値が変化せずに以前の値を保持したまま**、という動作をします。つまり、S, R で出力を変えるというフリップフロップ本来の動作を、C という信号の値によって制御できるというわけです。C の値で、出力 Q,

$\overline{Q}$ を変化するタイミングを制御できるということから、**同期式** S-R フリップフロップという名前がついています。

この同期式 S-R フリップフロップのタイミングチャートを書いてみると図 4.20 のようになります。じっくり見ておいてください。

余力のある人は、これも 1 個の 74HC00 で実験ができますので、ぜひ試してみてください。

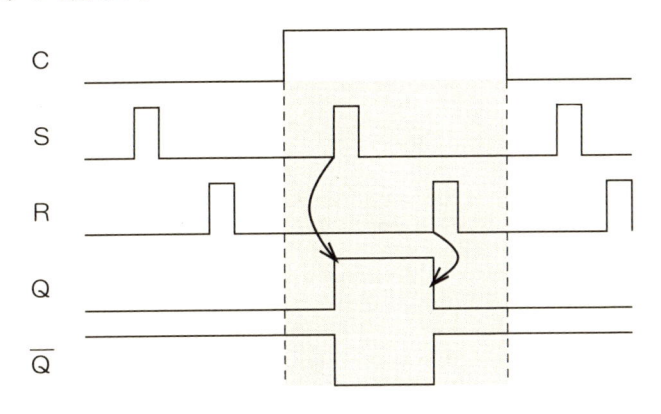

図 4.20　同期式 S-R フリップフロップのタイミングチャート

D ラッチ

同期式 S-R フリップフロップを使って、さらに図 4.21 のような回路を作ってみましょう。この回路を **D フリップフロップ**、または **D ラッチ** (D-latch) と呼びますが、これと図 4.17 の同期式 S-R フリップフロップとの違いは、同期式 S-R フリップフロップでは入力が S, R の 2 つであったのに対して、図 4.20 の回路では D が S につながっていて、R はインバータを通して $\overline{D}$ となっている点です。つまり、同期式 S-R フリップフロップの入力を S と R の代わりに D と $\overline{D}$ としたものと考えることができますので、同期式 S-R フリップフロップのときと同じように動作を考えていけばよさそうです。

① $C = 0$ のときは、D の値にかかわらず、$Q, \overline{Q}$ は変化しません。

② $C = 1$ のときは、$D = 1$ であれば同期式 S-R フリップフロップの $S = 1$,

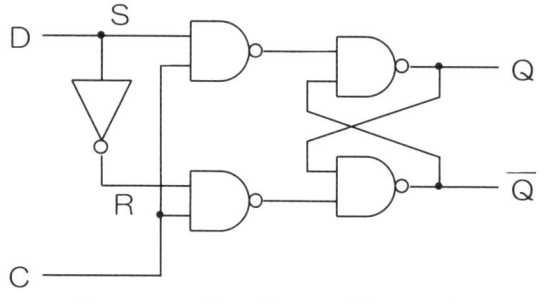

図 4.21　D フリップフロップ (D ラッチ)

$R = 0$ と同じですので、$Q = 1, \bar{Q} = 0$ となって安定します。逆に $D = 0$ であれば $Q = 0, \bar{Q} = 1$ となって安定することになります。

この動作をタイミングチャートにしてみると図 4.22 のようになります。

タイミングチャートを見てみると、D が変化したあと、Q がそれにつられて変化をしていますが、そのタイミングは C が「0」から「1」に変

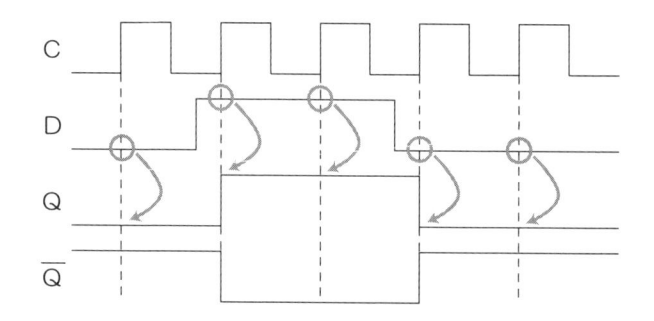

図 4.22　D ラッチの動作の時間経過
C = 0 まで変化が遅れている

わるタイミングです。このように、出力 Q の変化が、入力 D が与えられたときに起こるのではなく、$C = 1$ となるタイミングまで「遅れる (delay)」ことから、Delay Filp-Flop、ということで**D フリップフロップ**と呼びます。

注意してほしいのは、図 4.23 のように、$C = 1$ である間は、ずっと D の変化が出力 Q に反映される、ということです。なので普通は、$C = 1$ のときは入力 D は変化をさせないで使うと想定しましょう。

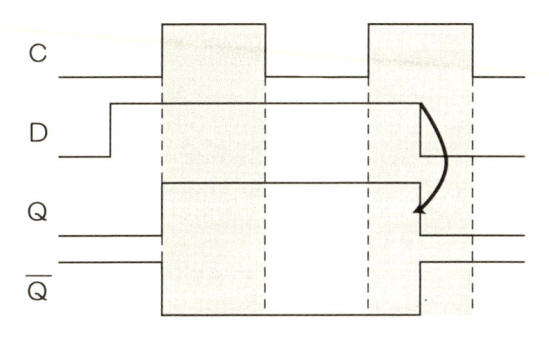

図 4.23　D ラッチの C ＝ 1 のときの動作

　これは逆に言うと、$C = 1$ のときは、D の変化が出力 Q へ素通りするわけですが、$C = 0$ とすると、D の影響が Q へ及ばないようにブロックしているとも見ることができます。そこで、C が Q の変化をブロックしていることから、図 4.24 のような門の扉の掛け金 (英語で

図 4.24　ラッチ

latch と言います) にたとえて、この回路を **D ラッチ** と呼ぶこともあります。
　とはいっても実は図 4.21 の回路を D フリップフロップ (D-FF) と呼ぶことは少なく、D ラッチあるいは **レベル・センス式 D-FF** と呼ぶことが多いようです。というのも、次項で述べるタイプのフリップフロップを普通は「D フリップフロップ」と呼ぶからです。ちなみに別名の「レベル・センス式 D-FF」というのは、C が「0」か「1」かという値 (レベル ; level) によって動作が変わるため、「C のレベルを見て動く (sense)」D-FF、という意味からこの名前がついていますが、経験的に「D ラッチ」と呼ぶことのほうが多いようです。

マスタ・スレーブ式 D フリップフロップ

　インバータ・ペア、S-R フリップフロップ、同期式 S-R フリップフロッ

プ、Dラッチと、順番に複雑になってきました。あと少しです。

さきほどのDラッチを一気に2個使い、さらにインバータも使って図4.25のような回路を作ってみましょう。この回路を**マスタ・スレーブ式Dフリップフロップ**と呼びます。

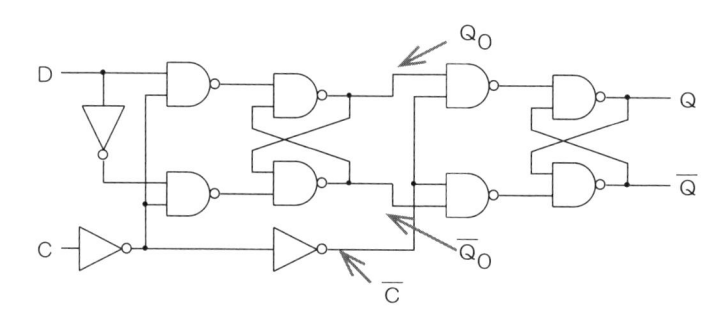

図 4.25　マスタ・スレーブ式 D フリップフロップ

動作は順番に考えるしかないので、焦らずいきましょう。

この図の回路を整理すると、次の2つの要素があることがわかります。

① C がつながっている、D ラッチ

　（左半分：こちらを**マスタ** (master) と呼ぶ）

② $\overline{C}$ がつながっている、同期式 S-R フリップフロップ

　（右半分：こちらを**スレーブ** (slave) と呼ぶ）

①まず、**C = 0** のときを考えましょう。このとき、左側の「マスタ」のDラッチは、本来のDラッチの動作、つまり図4.26のように $D = 0$

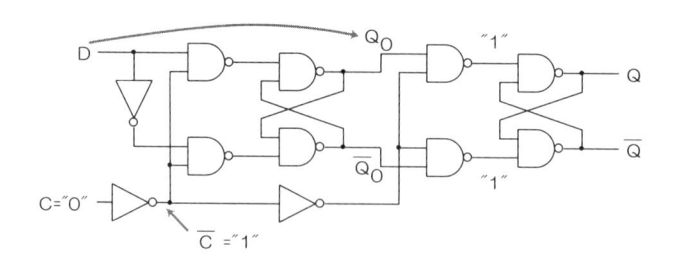

図 4.26　C = 0 のときのようす

であれば、その出力である Q_0, $\bar{Q}_0$ は $Q_0 = 0$, $\bar{Q}_0 = 1$ となり、逆に $D = 1$ であれば $Q_0 = 1$, $\bar{Q}_0 = 0$ となります。いまは $D = 0$ で $Q_0 = 0$, $\bar{Q}_0 = 1$ となっているとしましょう。ただし、右側の「スレーブ」の同期式 RS-FF は、その動作を制御する信号 $\bar{C}$ が「0」ですから、入力の Q_0 や $\bar{Q}_0$ がいくら変化してもその出力 Q, $\bar{Q}$ は変化しません。これは図 4.19 の同期式 S-R フリップフロップの動作そのものです。

②次に **C = 1** としてみます。すると、左側のマスタの D ラッチは、$C = 0$ ですから「ラッチ」がかかっていて、いくら D を変えても、Q_0, $\bar{Q}_0$ は変化せず、いまの仮定では $Q_0 = 0$, $\bar{Q}_0 = 1$ のままです。ところがこのとき、右側の「スレーブ」の同期式 S-R フリップフロップでは、これの動作を制御する $\bar{C}$ が 1 となりますから、同期式 S-R フリップフロップが「動く」状態、つまり出力 Q, $\bar{Q}$ が変化しうる状態になりました。ただしこれの入力である Q_0 と $\bar{Q}_0$ は、「マスタ」の D ラッチの出力が、いまの場合は $Q_0 = 0$, $\bar{Q}_0 = 1$ で固まっていましたから、それに応じて、$Q = 0$, $\bar{Q} = 1$ となってここで安定することになります。この様子は図 4.27 のようになります。

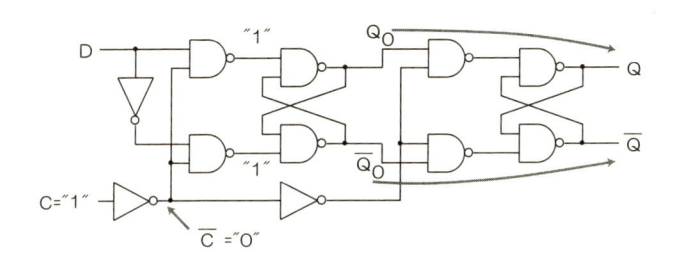

図 4.27　C = 1 のときのようす

話が 3 段階ぐらいからんでいるので、おや？ と思った人は、ぜひ回路図をご自分で書いてみて、じっくり値を追いかけていってみてください。

結果として、「$C = 0$ から $C = 1$ に変わる瞬間」に $D = 0$ であったため、$Q = 0$ となったと考えることができます。へ？ と思った方は、もう一度この動作過程を追いかけてみてください。逆にこの「$C = 0$ から $C = 1$

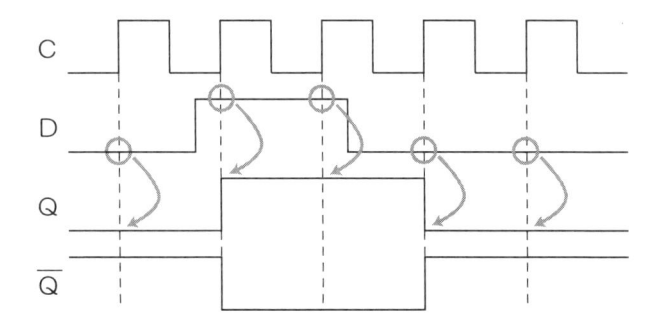

図 4.28　マスタ・スレーブ式 D-FF のタイミングチャート

に変わる瞬間」に $D = 1$ であれば、$Q = 1$ となるはずです。

　以上のことから、この「マスタ・スレーブ式 D フリップフロップ (D-FF)」のタイミングチャートは図 4.28 のようになります。

　ミソは「$C = 0$ から $C = 1$ へ変わる瞬間」の、D の値が Q へそのまま移るという点です。さきほどの D ラッチは、$C = 1$ の間ずっと、D の値が Q へそのまま移っていました。この点が D ラッチとマスタ・スレーブ式 D フリップフロップが決定的に異なるところです。

　この C は、マスタ・スレーブ式 D-FF の、Q が D にあわせて変わるという動作のタイミングを決めている信号ですので、特に**クロック** (clock) と呼びます。

　なお、「$C = 0$ から $C = 1$ へ変わる瞬間」のことを、値が 0 から 1 へのぼる (rising) 端っこ (edge) という意味で、**C の立ち上がり** (rising edge) と呼びます。逆の「$C = 1$ から $C = 0$ へ変わる瞬間」を、少々変な日本語なのですが、**C の立ち下がり**と呼びます。立つのに下がる、とは？という気もしますが、英語では、rising に対して falling を使って falling edge といいますので、まあ英語であればそれほど変ではないですよね。

　ついでですが、この回路を「マスタ・スレーブ式」と呼ぶのは、左側の「マスタ」のフリップフロップの値に従って右側の「スレーブ」のフリップフロップの値が変化することから、左側を「主人」(master)、右側を「奴隷」(slave) と呼ぶことからきています。

エッジトリガ式 D フリップフロップ

　さきほどのマスタ・スレーブ式 D-FF は、「C の立ち上がり」のときだけ、入力 D の値が出力 Q に移るという動作をするフリップフロップでした。このタイプのフリップフロップを、C の変化する瞬間 (edge) が動作を引き起こす (trigger) ということから**エッジトリガ (edge-trigger) 式**のフリップフロップと総称します。

　ちなみに図 4.20 の D ラッチは、C の立ち上がりだけでなく $C = 1$ の間じゅう常に出力が変化する、つまり動作することからレベルセンス式、と呼ぶのでした。

　実際にフリップフロップを使うときには、ほとんどの場合、実は「エッジトリガ式」を使います。そのため、「マスタ・スレーブ式 D-FF」が事実上使われることになるわけですが、いかんせんこのマスタ・スレーブ式 D-FF は、図 4.25 からもわかるように回路の規模が大きいのです。NAND ゲートを 8 個、インバータを 2 個も使ってあります。

　これをなんとかならないか、と考えた人がいて、もうこれは「なんでこういうのを思いつくの？」としか言いようがないのですが、図 4.29 のよ

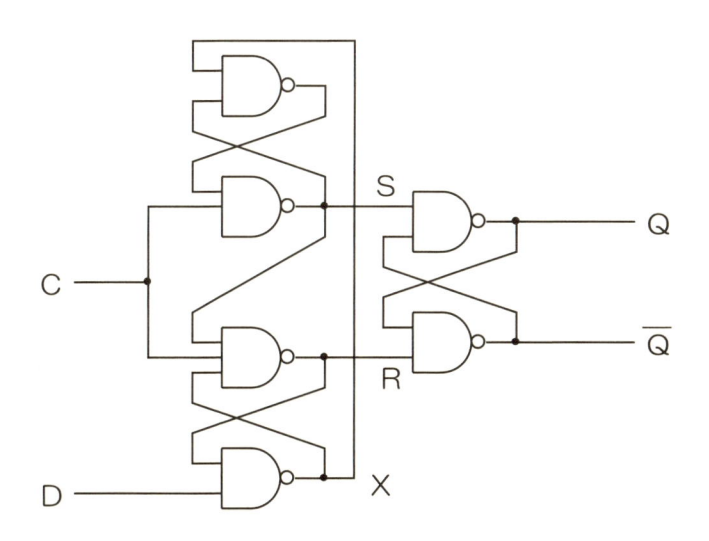

図 4.29　6NAND タイプのエッジトリガ D-FF

うな回路を作ると、実はマスタ・スレーブ式 D-FF と同様に、C の立ち上がりのときだけ、D の値が出力 Q に移る、という D フリップフロップの動作をしてまうのです。

興味のある人のために少しだけその動作を追いかけてみましょう。「まあそれはいいや」という人は、この動作を追う部分は読み飛ばしていただいて構いません。

①まず $C = 0$ のとき、$S = R = 1$ となるので Q は変化をしません。このとき、図中の X は、$X = \overline{D}$ となっています。

②ここで C が「0」から「1」になった瞬間、つまり C の立ち上がりのとき、D の値に応じて次のように動作が分かれていきます。

(a) $D = 0$、つまり $X = 1$ のとき：
$S = 1, R = 0$ となりますから、$Q = 0$ となります (たしかにこのとき $Q = D$)。またその後も $X = 1$ のままでいきます。

(b) $D = 1$、つまり $X = 0$ のとき：
$S = 0, R = 1$ となりますから、$Q = 1$ となります (たしかにこのとき $Q = D$)。さらにこの後、
(ⅰ) $D = 0$ となっても、$X = 1$ となって $S = 0$ のままで変わらず、$Q = 1$ のまま変化しません。
(ⅱ) $D = 1$ となると、$X = 0$ となるので $S = 1$ となりますが、その結果 R も $R = 1$ のままですから、S-R フリップフロップとしては安定したままで、Q は変化しません。

以上の結果、C が「0」から「1」に変わる瞬間、つまり「C の立ち上がり」のときだけ、$Q = D$ となりますが、その他のときはいくら D が変わっても Q は変化をしないことになり、たしかにマスタ・スレーブ式 D-FF と同じ動作をしていることになります。

この回路は、NAND ゲートが 6 個使われていることから「6 NAND (シックス・ナンド) タイプのエッジトリガ式 D-FF」と呼ばれることもありますが、単に「エッジトリガ式 D-FF」というと、この 6 NAND タイプのものを指すことが多いようです。

いずれにしても、「クロック信号 C の立ち上がりのときだけ D の値が Q へ移る」というフリップフロップのことを「エッジトリガ式 D-FF」と呼びますが、単に「D フリップフロップ」と言うと、この「エッジトリガ式 D-FF」のことを指すので、注意しておいてください。名前がたくさん出てきてややこしいですね。ちょっとまとめておきましょう。

> ① **S-R フリップフロップ**：NAND ゲートが 2 個 (図 4.8)
> ② **同期式 S-R フリップフロップ**：C がついたもの (図 4.17)
> ③ **D ラッチ**、または **レベル・センス D-FF** （図 4.20)
> ④ **マスタ・スレーブ式 D フリップフロップ** (図 4.25)
> ⑤ **エッジトリガ式 D フリップフロップ**、または単に
>   **D フリップフロップ** (図 4.29)

ここから先は、D フリップフロップをよく扱いますので、これの入出力のみをまとめて中身は詳しくは書かずに、図 4.30 のような記号で書くことにします。クロック信号 C のつながっているところだけは三角マークがついていますが、これはフリップフロップの動作を制御するクロック信号であることを示すマークです。

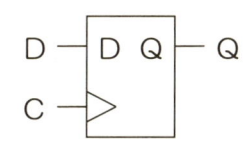

図 4.30　D-FF の回路記号

4.5　論理回路で遊んでみよう (3)

D フリップフロップ (もちろん「エッジトリガ式 D フリップフロップ」のことです) を使って遊んでみましょう。

D フリップフロップともなると、よく使われるので 1 つの IC になっています。ここでは D フリップフロップが 2 個入っている 74HC74 という IC を使ってみることにしましょう。図 4.31 にあるように、外観はここまで使ってきた NAND ゲートの 74HC00 とほとんど同じで、違いはパッ

図 4.31　74HC74
　　　　　D フリップフロップ
　　　　　が 2 個入っている

ケージに書いてある文字が 74HC74 になっていることぐらいです。ただし中身は全く異なって、図 4.32 のように D フリップフロップが 2 個入っています。

これに入力 D とクロック信号 C をつなぎ、出力の Q と $\bar{Q}$ を LED で見てみることにしましょう。

図 4.32 をよく見ると、$D, C, Q, \bar{Q}$ というこれまで見慣れた信号以外に、$\overline{PR}$ と $\overline{CL}$ という端子があります。ここでは使いませんが、$\overline{PR}$ は**プリセット** (preset) **信号**といって、この端子を「0」(上にバーは負論理であることを

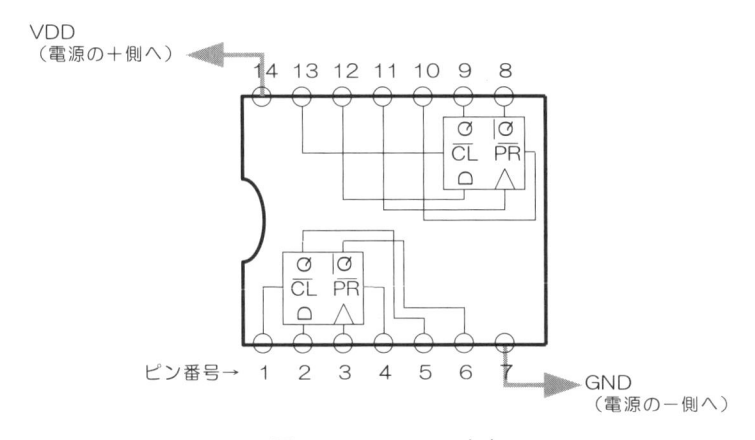

図 4.32　74HC74 の中身

示していますから、値が「0」のときに意味をなします) にすると、出力 Q の値を「1」に設定できます。逆に $\overline{CL}$ は**クリア** (clear) **信号**といって、この端子を「0」にすると Q の値を「0」に設定できます。これらの信号は、C や D とは無関係に出力 Q の値を設定したいときに使います。

実はここで 1 つ問題があります。というのも、ここまでの流れでいくと、入力である D と C にはスイッチをつなぎたいところなのですが、実は C にスイッチを直接つなぐのは問題があります。というのも、スイッチを

切り替えるとき、短い時間ですが、図 4.33 のように接点の接触が安定するまでにパタパタしてしまうからです。このスイッチをそのままフリップフロップのクロック信号 C

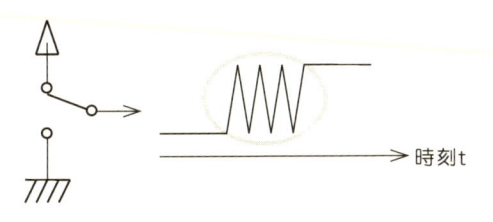

図 4.33　スイッチの「チャタリング」現象

などに使うと、場合によっては図 4.33 のように短い時間ではありますが、「0」「1」のいずれにもならないという現象が起こります。このような現象を、接点が「落ち着かずに雑談 (chat) している」ようなことから、**チャタリング** (chattering) と呼びます。エッジトリガ式の D フリップフロップでは、この C の「立ち上がり」こそが動作のタイミングであり、これがチャタリングによって何回も起こるのは好ましくありません。

　そこで図 4.34 のように、S-R フリップフロップを用いた回路を使います。なんでわざわざ S-R フリップフロップ？　という気もしますが、この回路であれば、途中にたとえチャタリングが起こって接点がどちらにも触っていない状態になっても、図 4.35 のようにチャタリングのない、スイッチの切り替え 1 回に対して 1 回だけ立ち上がりのある入力信号を作ることができます。

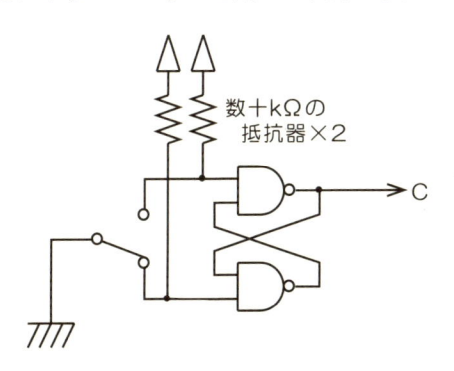

図 4.34　R-S フリップフロップを使ったチャタリング除去回路

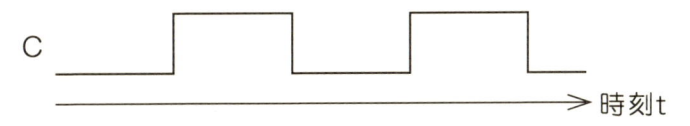

図 4.35　チャタリング除去回路の出力

ちょっと大袈裟ですが、Dフリップフロップの実験にはこのチャタリング除去回路を使って、図4.36のような回路を作ってみることにしましょう。ブレッドボード上の実際の配線は図4.37のようになります。

　いかがでしたか？　Cを「0」から「1」へ変える立ち上がりの瞬間だけ、QがDと同じになっているでしょうか？　あなたの目の前で起こっていることが、まさにDフリップフロップの動作なのです。

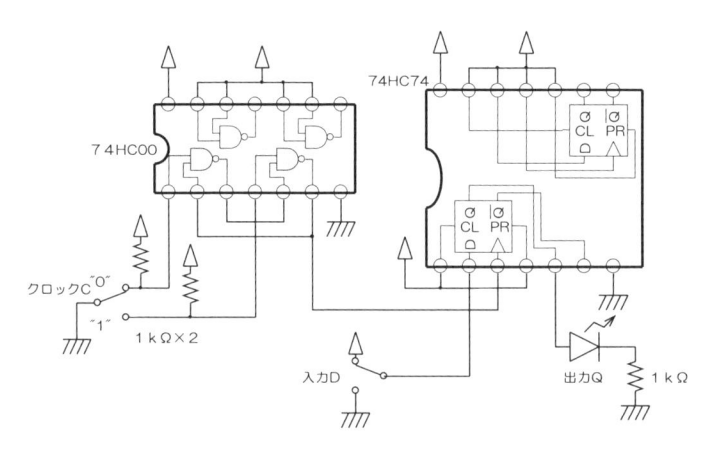

図4.36　Dフリップフロップを使った回路

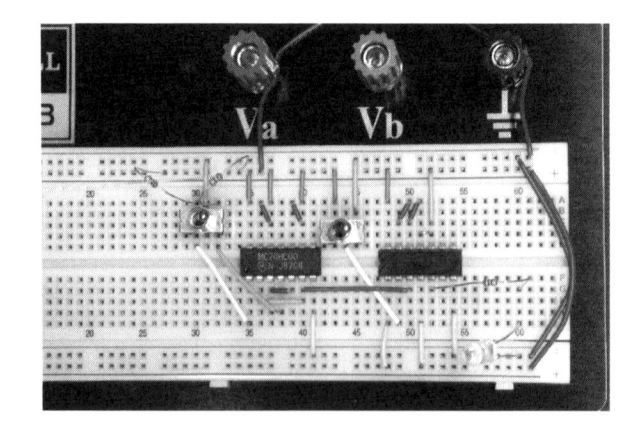

図4.37　Dフリップフロップを使った回路の全体の配線

4.6 「記憶」を持つ論理回路を作ってみよう

　この章は、もともとは「記憶力」を持っていて、「過去」に依存する論理回路を考えてみよう、という話でした。しかし、ここまでフリップフロップがたくさん出てきてごちゃごちゃになってしまいましたので、ここでもう一度、当初の話に戻って思い出しておきましょう。

　当初は例として自動販売機の金額表示器を考えていました。そしてここに表示される金額が、「いま入れたコイン」だけでなく、「それまでにいくら入れられていたか」によって変わってくる、というものでした。

　このように、「過去」に依存する論理回路を「順序回路」と呼ぶのでしたが、この回路では、「過去の履歴」が重要となります。また、自動販売機に入れた金額の合計のような、「過去の履歴によって決まる今の状態」のことを**内部状態** (internal state) と呼びます。

　自動販売機の金額表示器の例では、この内部状態が、入れたコインによってどんどん変わっていくわけです。このように内部状態が変わっていくことを**遷移する** (transition) と言いますが、この内部状態の遷移のことを以下で考えていくことにしましょう。なお、内部状態の数が有限個であるものを有限状態機械 (Finite State Machine; FSM) と呼びます。これはつまり順序回路そのもののことです。

順序回路を設計してみよう

　では早速ですが、順序回路を設計してみましょう。そんなまた急に…という方もいらっしゃるかもしれませんが、ここまでのフリップフロップ騒ぎで、ほとんどの準備はできています。あとはコツだけですので、臆せずいきましょう。

　C の立ち上がりごとに出力 X が、「0」と「1」で入れ替わるような論理回路を考えてみましょう。このような論理回路は、「C の立ち上がりのときに $X=0$ であれば次は $X=1$ に、$X=1$ であれば次は $X=0$ にする」という回路ですので、「今の X の状態に依存して、次の X が決まる」とい

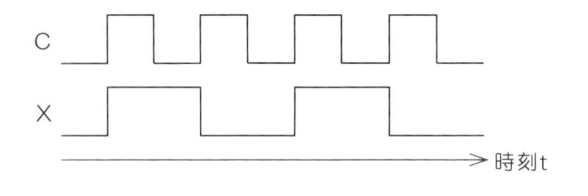

図 4.38　ある順序回路の動作の時間経過

う、まさに順序回路です。この順序回路のタイミングチャートは図 4.38 のようになります。

順序回路を考える上では内部状態を考えなければなりませんが、この場合の内部状態は、「$X = 0$ の状態」と「$X = 1$ の状態」の 2 つしかありません。そして C の立ち上がりごとに、この両者が切り替わるわけです。

この 2 つの内部状態に、次のように $S0, S1$ という名前をつけましょう。

① $S0 : X = 0$ の状態
② $S1 : X = 1$ の状態

そうすると、この順序回路の動作は、C の立ち上がりのときに、次のようになる、と言い換えることができます。

① いま、$S0$ ($X = 0$) の状態ならば、次は $S1$ ($X = 1$ の状態) に遷移して、出力 X を $X = 1$ とする。
② いま、$S1$ ($X = 1$) の状態ならば、次は $S0$ ($X = 0$ の状態) に遷移して、出力 X を $X = 0$ とする。

この動作を図 4.39 のような図で書くことにしましょう。この図の矢印は、C の立ち上がりのときに起こる状態の遷移を表していて、例えば今の内部状態が $S0$ のときに C が立ち上がると、遷移が起こって内部状態が $S1$ になる、というわけです。このような、状態が遷移する様子を書いた図のことを**状態遷移図** (state transition diagram) と呼びます。

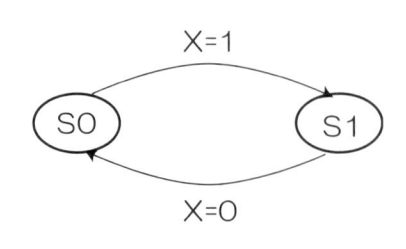

図 4.39　順序回路の状態遷移図

いまの内部状態を表す変数 (内部変数) を S とします。つまり $S = S0$ であれば内部状態が $S0$ であることを表すわけです。

第 4 章◎順序回路で記憶させよう！

ここまで内部状態は $S0$ と $S1$ というような記号で書いてきました。せっかく論理回路を作ろうとしているのですから、ブール代数の数字で書いておくことにしましょう。例えば次のように決めてみます。

① $S0 : S = 0$
② $S1 : S = 1$

まあ順当な決め方でしょうか。このような、それぞれの内部状態を表す状態変数の値のことを**状態符号** (state code) と呼びますが、これを使うとさきほどの状態遷移図は図 4.40 のように書くことができます。この状態遷移図には2本の矢印、つまり2種類の可能な状態の遷移があります。これを図 4.41 のような表に書いてみることにしましょう。この表を**状態遷移表**と呼びますが、これには次のような項目があります。

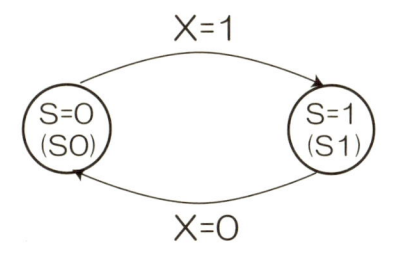

図 4.40　状態符号を使った順序回路の状態遷移図

現状態 S	次状態 S'	出力 X
0	1	1
1	0	0

図 4.41　順序回路の状態遷移表

① S：現在の内部状態
② S'：C の立ち上がりで遷移が
　　　　 起こった後の内部状態
③ X：この論理回路の出力

この表は、例えばいま $S = 0$ (内部状態が $S0$) のときに C の立ち上がりがあって状態遷移が起こると、その遷移の先は $S = 1$ (内部状態 $S1$) で、それに応じて出力 X は、$X = 1$ になる、ということを表しています。

もちろん、これの次にもう一度 C の立ち上がりがあると、今度は、いまは $S = 1$ (内部状態が $S1$) ですから、次の遷移先は $S = 0$ (内部状態が $S0$) となって $X = 0$ となります。

この次の C の立ち上がりは…というのはこれらの繰り返しですから、結局 C の立ち上がりのたびに内部状態は $S = 0$ と $S = 1$ が切り替わって、それに応じて出力 X も $X = 0$ と $X = 1$ が交互に切り替わる、という図 4.38

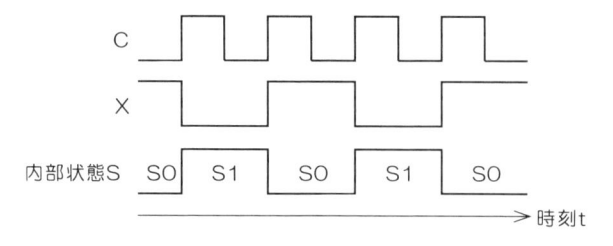

図 4.42　順序回路の動作の時間経過（内部状態つき）

のタイミングチャートのような動作をする順序回路ができるはずです。一応内部状態も一緒に示しておくと図 4.42 のようなタイミングチャートになります。とはいってもこの内部状態は、「内部の状態」で外からは見えませんから、普通はタイミングチャートに書かなくても構いません。

　さて、図 4.41 の状態遷移表を使って実際の論理回路を作ってみましょう。順序回路の性質から、「次に遷移すべき内部状態 S'」は、現在の状態 S などから決まるはずです。その様子が図 4.41 の状態遷移表であるわけですが、これを真理値表のように見てみましょう。つまり、入力が現状態の S、出力が次状態の S' や出力 X、というわけです。すると、この状態遷移表というか真理値表から、次のような論理式が出てくるはずです。

$$S' = \bar{S}$$
$$X = \bar{S}$$

　このあたりは、第 2 章でいろいろ見てきた論理式の導き方が活用される場面です。あれ？　という方は、戻って確認しておいてください。ちなみにこの場合は偶然ですが、S' と X は同じ式になります。

　さあ、ここまでこればできたようなものです。この論理式から図 4.43 のような回路を作ってみましょ

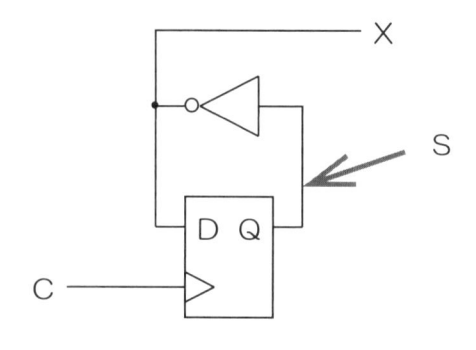

図 4.43　順序回路の回路図

う。

なんだこれ？　という気もしますが、これを作ったときのミソは次のような感じです。

　　①内部状態が2種類なので、内部変数は0か1の2通り
　　②そこで内部変数を表すDフリップフロップ(当然エッジトリガ式)を1つ置く
　　③D-FFの出力Qを、現状態Sと考える
　　④次状態S'を表す論理式から、組合せ論理回路を作る
　　⑤次状態S'ができたら、これをD-FFの入力Dにつなぐ
　　⑥同じように出力Xも作る

こうすると、どうして意図したような順序回路として働くのでしょうか。図4.44のように順番に考えてみると、まず$S=0$(つまり内部状態$S0$)の場合は、次のCの立ち上がりの遷移では$S=1$へ遷移するはずですが、その「次にくるべき内部状態」$S'=1$が、組合せ論理回路(といってもこの場合はインバータ1つ)によって作られ、Dフリップフロップの入力Dのところまで来ています。ところがDフリップフロップの動作から、この$D=1$はすぐには出力Qには影響せず、次のクロック信号Cの立ち上がりのときに、$Q=1$となることになります。このQは現状態Sのことでしたから、たしかに「Cの立ち上がりで、$S=0$から$S=1$へ遷移した」ことになります。

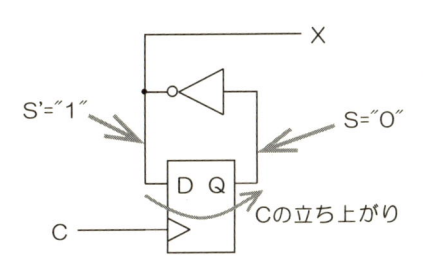

図4.44　順序回路の動作

いかがでしょうか？

なんだか騙されているような気がする方は、いま一度図4.44の回路をよーくみながら考えて納得してみてください。

なお、この場合は偶然、次状態S'と出力Xが同じ論理式でしたので、インバータは1個ですみましたが、いつもこうなるとは限りません。一

般には、S' と X が違う論理式になりますので、そういう場合はしょうがないので素直にそれぞれに別々の論理回路を作ることにしましょう。

以上が、順序回路の設計の実際です。手順をまとめておきましょう。

①順序回路の動作を、状態遷移図で書く
②状態符号を割り当てる
③状態遷移表を作る
④状態遷移表を真理値表と見て、次状態 S' や出力 X を現状態 S で表す
⑤状態変数のところに D-FF を置き、Q 出力を現状態 S として D 入力に次状態 S' をつなぐ
⑥クロック C はそのまま D-FF のクロック C へ

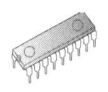

4.7　論理回路で遊んでみよう（4）

順序回路を1つ設計しましたので、さきほど設計した図 4.44 の回路をそのまま実際の D フリップフロップの 74HC74 にあてはめて、図 4.45 のような回路を作ることにしましょう。

この順序回路ではインバータが1つ必要でした。もちろん、74HC00 の中の NAND ゲートを使ってインバータを作ってもいいのですが、実は 74HC74 に入っている D フリップフロップには、$\overline{Q}$ という今まさに作ろうとしている出力がありますので、これをそのまま流用して構いません。ありがたくこれをそのまま使うことにしましょう。そんなズルはいやだ、という方は、74HC00 の NAND ゲートを使って「正規の」インバータを作ってみてください。もちろん出力 X は値を確認したいので LED をつないであります。

ブレッドボード上の実際の配線は図 4.46 のようになります。

いかがでしょう？　C を「0」から「1」へ変える立ち上がりの瞬間だけ、X が入れ替わっているでしょうか。

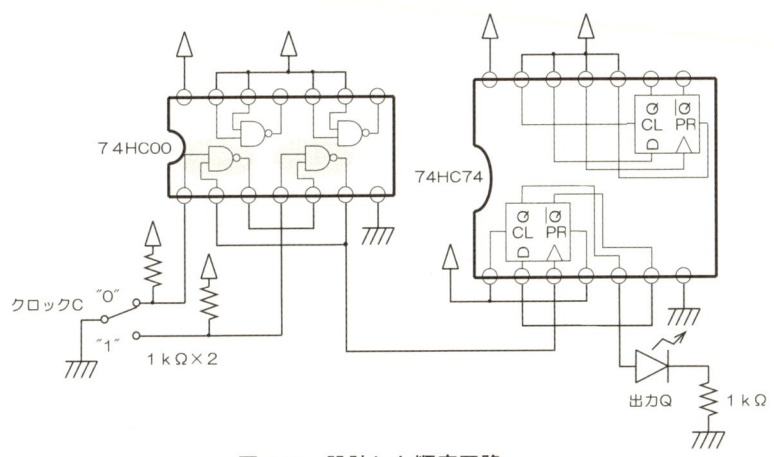

図 4.45　設計した順序回路

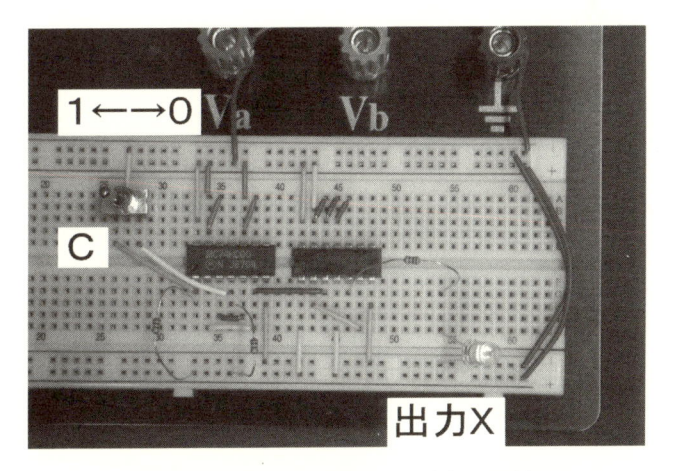

図 4.46　設計した順序回路の全体の配線

　ちなみに電源を入れたときに LED がついているか消えているか、つまり内部状態が $S=0$ か $S=1$ かは、偶然で決まります。どうしても「最初は $S=0$ にしたい」場合は、この 74HC74 についている、強制的に $Q=0$ とするためのクリア端子 $\overline{CL}$ や、$Q=1$ とするためのプリセット端子 $\overline{PR}$ を使うことにしましょう。

順序回路の動くようす

　さきほどは、実際の IC を使って順序回路を作って動作を見てみましたが、一方で、コンピュータの中で模擬的にこのような順序回路を作って動作を見るという方法もあります。このように、ものの動作を模擬することを**シミュレーション** (simulation) と呼びますが、この場合は、順序回路の動作のシミュレーションですから、論理回路シミュレーションの一種といえます。

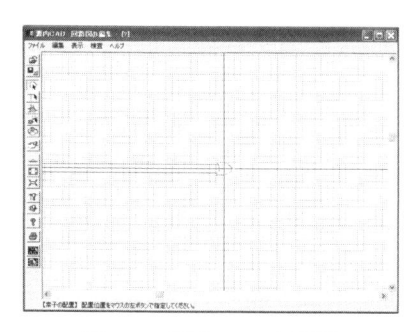

図 4.47　源内 CAD の画面

　この論理回路シミュレータには、回路設計のプロが使う高価な市販品から、お手軽に遊べるフリーソフトウエアまでいろいろありますが、ここでは Windows 用のフリーソフトである図 4.47 の「源内 CAD」を使ってみることにしましょう。この「源内 CAD」は、以下のところからダウンロードできますので、Windows が使えるパソコンをお持ちの方は、ぜひ使って遊んでみてください

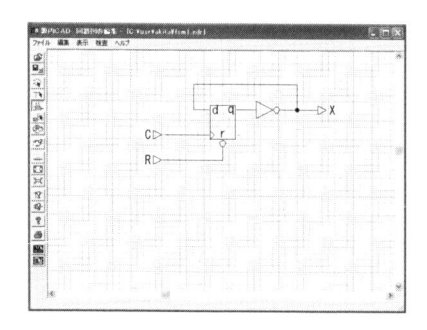

図 4.48　源内 CAD で図 4.43 の回路図を入れたところ

　→ http://www.di.takuma-ct.ac.jp/~matusita/GuenCAD/top/
　→ http://www.vector.co.jp/soft/win95/business/se061428.html

　操作にはちょっとコツがいりますが、まずは図 4.44 のようなシミュレーションしたい論理回路の回路図をお絵かきのように入力して、それに与える「入力」(この場合はクロック信号 C だけですね) を決めて、シミュレーションを実行、とやると出力が求められるというものです。

　まずは図 4.48 のように図 4.44 の回路図を入力してみます。入力が面倒

だなあ、という方は、巻末ページに載っている本書のサポートの Web ページからダウンロードできますので、そちらを使ってみてください。

回路図の入力 (または読み込み) ができたら、次に与える「入力」を作る (あるいは読み込む) ために「ファイル」→「波形編集ウインドウ」を選んで、波形編集ウインドウを開きます。ここで与えたい入力をタイミングチャートを書くようなつもりで図 4.49 のような感じで入力、あるいは読み込みます。

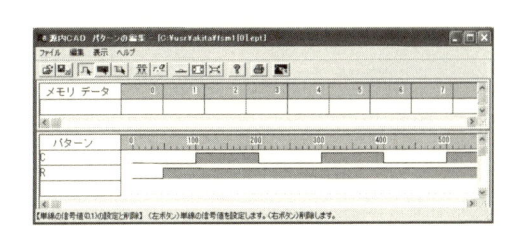

図 4.49　源内 CAD で入力の波形を入れたところ

この場合の入力はクロック信号 C だけなのですが、最初に D フリップフロップの出力 Q を「0」に「リセット」しておくために、D-FF リセット信号 $\bar{R}$ も、最初に 1 回だけ「0」(負論理のため) にしています。これをしないと、シミュレーションを初めても最初の Q の値が決まらないため、「不定」という値になってしまい、それ以降も「不定」が続いてしまいます。そのため、最初に明示的に値を決めるためにリセットをかけているわけです。

最後にいよいよシミュレーションです。波形編集ウインドウの「ファイル」→「シミュレーションを行う」を選ぶと、いま入力した波形の下あたりに S と X の波形が、タイミングチャートのように現れるはずです (図 4.50)。

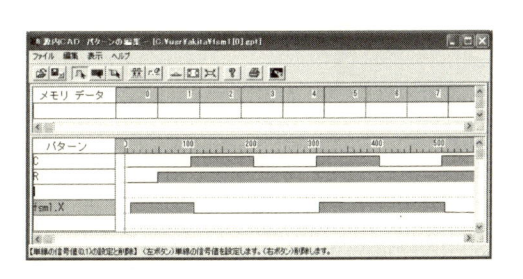

図 4.50　動作のシミュレーションの様子

いかがでしょう？

作った回路の動作を、理屈だけでなくあたかも実際に動かしているようなつもりで検証できるのがシミュレーションの醍醐味です。

これぐらいの小さい回路であれば、慣れれば回路図を見ながら頭の中で回路の動作を追いかけられるかもしれませんが、ちょっと複雑な回路になると、急に大変になります。実際にブレッドボードなどで回路を作るのも大変だなあという場合に、このような論理回路シミュレーションが有効でしょう。

4.8 カウンタを設計しよう

状態変数の割り当てを考える

順序回路の設計の中で、「内部状態への状態変数の割り当て」という段階がありました。さきほどの例では状態変数 S について、$S = 0$ を $S0$、$S = 1$ を $S1$ と割り当てましたが、これが「決まり」というわけではありません。ひねくれているかもしれませんが、全く逆に、$S = 1$ を $S0$ に、$S = 0$ を $S1$ に割り当てても、やはり順序回路を作ることができます。

ためしにこの「ひねくれた」割り当てで回路を作ってみましょう。この場合の状態遷移図は図4.51のようになり、そこから導かれる状態遷移表は図4.52のようになります。これから S' と X の論理式を求めると次のようになります。

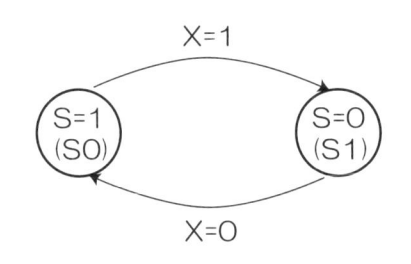

$$S' = \bar{S}$$
$$X = S$$

図 4.51　ひねくれた状態符号を使った順序回路の状態遷移図

図 4.52　ひねくれた状態符号を使った順序回路の状態遷移表

さっきの場合と微妙に違いますが、これから順序回路を作ると図4.53のようになります。微妙に違った論理回路になりますが、外に出てくる出力 X の動作は全く同じになるはずです。ぜひ、ブレッドボードで作って遊んで確認してみてください。

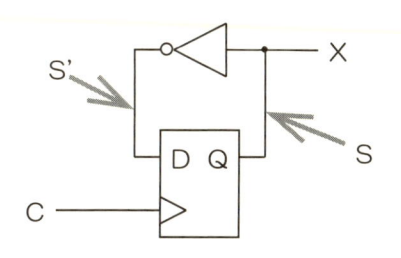

図 4.53　ひねくれた状態符号を使った順序回路の回路図

続：順序回路を設計してみよう

さきほど設計した順序回路は、C の立ち上がりのたびに無条件に内部状態 $S0$ と $S1$ が入れ替わるという遷移をするものでした。まあこれはこれでいいのですが、コンピュータのプログラムを書いたことがある方ならわかるかもしれませんが、これはいわば「無条件分岐」ばかりのようなもので、いまいち面白みがありません。せっかくならば、何か条件によって分岐先の変わる「条件分岐」を使えたほうが、できることの幅も広がるはずです。このような順序回路を作ることはできないものでしょうか。

そこで、スイッチなどをつないで「入力」を持つ順序回路を作ってみましょう。つまり順序回路の状態遷移を、入力によって変えられるようにするわけです。

例えば入力を I の1本として、次のような動作をする順序回路を作ってみることを考えましょう。

① $I = 0$ ならば、出力 X は変化しない
② $I = 1$ ならば、出力 X は、C の立ち上がりごとに「0」と「1」を交互に変化

この場合、内部状態の遷移は入力 I によって変わってきますので、遷移を表す矢印の数が増えるわけですが、入力 I に応じてどう変わるか、というのを横に書くようにして図4.54のように書いてみましょう。この矢印の横の意味は、例えば $S0$ から出ている「$I = 0 / X = 0$」であれば、入力 I が「0」のときにこの矢印の遷移が起こって、その遷移によって出力 X

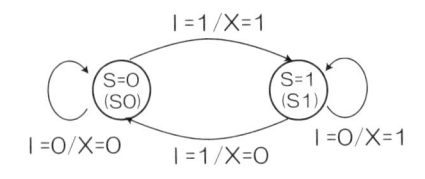

図 4.54 ある順序回路（その 2 ）の状態遷移図

図 4.55 ある順序回路（その 2 ）の状態遷移表

は「0」になる、という意味です。ちなみにこの矢印は再び S0 に戻っていますから、この遷移が起こっても、見かけ上内部状態は変わらないわけですが、まあ「内部状態が変わらない」という遷移が、 C の立ち上がりで起こっていると考えることにしましょう。

次は状態符号の状態変数 S への割り当てです。ここでは順当に S0 に $S = 0$ 、S1 に $S = 1$ を割り当てることにしましょう。

そうして、状態遷移表を作るわけですが、この場合は入力 I によっても状態の遷移が変わってきますから、図 4.55 のように、左端に入力 I の欄を追加しておくことにしましょう。この状態遷移表の見方は、例えば現状態が $S = 0$ で入力が $I = 1$ のときにクロック信号 C が立ち上がると、その遷移の結果内部状態は $S = 1$ に変わり、それに応じて出力は $X = 1$ となる、というわけです。

これを真理値表とみなして、次状態 S' と出力 X を決める論理式を導いてみましょう。この場合は入力 I と現状態 S を使って表すことになりますので次のようになります。

$$S' = I \cdot \bar{S} + \bar{I} \cdot S$$
$$X = I \cdot \bar{S} + \bar{I} \cdot S$$

またもや偶然ですが、S' と X は同じ論理式になりました。

これを使って順序回路を設計すると、図 4.56 のようになります。

入力 I や現状態 S に応じてどのように動作するか、ぜひ動作を追いかけてみてください。またぜひ、ブレッドボードで回路を作って遊んでみてく

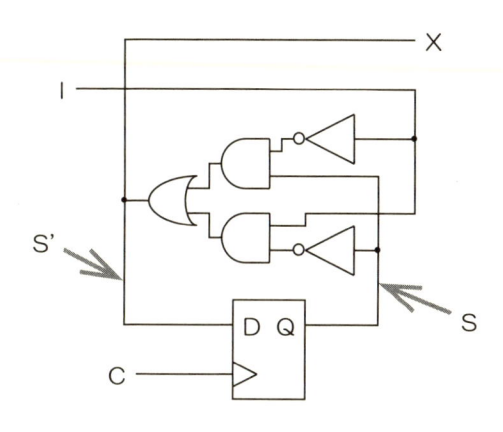

図 4.56　この順序回路 (その 2) の回路図

ださい。入力によって動作が変わる順序回路の「味」はいかがでしょう？

使えそうな順序回路の設計 (その 1)

　ここまで見てきた順序回路の設計方法を使って、大きな回路を作ってみましょう。といっても、基本的な回路設計の流れは全く同じです。回路を設計するんだったら、わけのわからない回路よりも、何かに使えそうな回路のほうがいいですよね。

　そこでここでは、「数を数える」順序回路を作ってみることにしましょう。何の数を数えるかというと、「クロック信号 C の立ち上がりの数」です。つまり、クロック信号 C の立ち上がりのたびに出力で表される数字が 1 つずつ増えていく回路です。

　いきなり大きい数まで数えるのは大変なので、まずはクロック信号 C を 4 発まで数えられるようにしてみましょう。最初は出力が 0 で、クロック信号 C が 1 回立ち上がると出力が 1 になり、順にクロック信号 1 発ごとに出力が 2、3 となり、その次には再び 0 に戻る、という回路です。このような回路であれば、出力を見れば、クロック信号 C が何発入ったかが (0 〜 3 だけですが) わかるわけです。このような順序回路を**カウンタ** (counter) と呼びます。

順序回路を含む論理回路の世界で扱う数字は、当然のことながら「0」と「1」だけですので、このカウンタの出力に出てくる「2」や「3」を表すことができません。そこで2進数を使うことにしましょう。いまの場合、出てくる数字は0〜3ですから、2進数を使うならば00、01、10、11のように、2桁もあれば十分です。したがって、このカウンタの出力も、2桁の2進数を表すために2本必要ですので、上位をQ_1、下位をQ_0としましょう。つまりクロックが入るごとに、図4.57のような順序で出力Q_1, Q_0が変わっていけばよいことになります。このカウンタは2桁の2進数を数えることができますが、2進数の桁は**ビット** (binary unit; bit) という単位で数えますので、**2ビットカウンタ**と呼びます。

$Q_1\ Q_0$

0　0
0　1
1　0
1　1
0　0
・
・
・

Cの立ち上がりごと

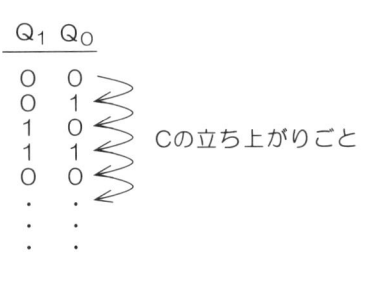

図4.57　2ビットのカウンタの出力の変化のようす

　さて、この2ビットカウンタを順序回路で作ろうとしているわけですので当然内部状態が必要です。どのような内部状態が必要かというと、出力が0〜3の4通りでそれ以外はありませんので、この4通りを区別するためには少なくとも4つの内部状態が必要です。そこで次のように考えることにしましょう。

S0: 現在の値が0 (つまり$(Q_1, Q_0) = (0,0)$)　→　状態符号 $S = 00$
S1: 現在の値が1 (つまり$(Q_1, Q_0) = (0,1)$)　→　状態符号 $S = 01$
S2: 現在の値が2 (つまり$(Q_1, Q_0) = (1,0)$)　→　状態符号 $S = 10$
S3: 現在の値が3 (つまり$(Q_1, Q_0) = (1,1)$)　→　状態符号 $S = 11$

ついでに状態符号も、上のように順当に割り当てておきましょう。これを使うと状態遷移図は図4.58のようになります。これは、クロック信号Cの立ち上がりで状態遷移が起こるたびに出力Qの値が1ずつ増えていく、ということを意味しています。これからそのまま図4.59のような状態遷移表ができあがります。

　つまりクロック信号Cの立ち上がりでの状態遷移ごとに、$S0 \to S1 \to$

$S2 \to S3$ と、順に「出力の値」が増えていくことになります。ここで注意してほしいのは、内部状態が4通りありますが、実際に論理回路に落とすためには「0」と「1」だけで表す必要があり、そのため、状態変数は S_1, S_0 の2つ必要になるという点です。図 6.59 の状態遷移表をよく見ておきましょう。

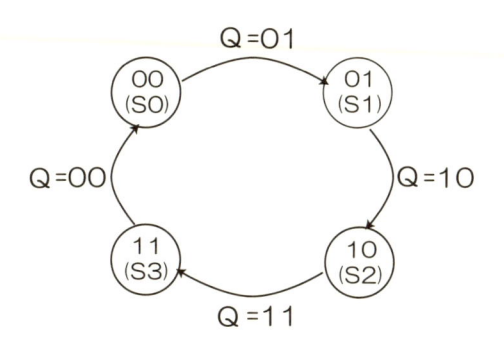

図 4.58　2 ビットカウンタの状態遷移図

現状態 S_1　S_0	次状態 S'_1　S'_0	出力 Q_1　Q_0
0　0 (S0)	0　1 (S1)	0　1
0　1 (S1)	1　0 (S2)	1　0
1　0 (S2)	1　1 (S3)	1　1
1　1 (S3)	0　0 (S0)	0　0

図 4.59　2 ビットカウンタの状態遷移表

ここから先は再びワンパターンで、図 4.59 の状態遷移表を真理値表に見たてて S'_1, S'_0, Q_1, Q_0 の論理式を求めると次のようになるはずです。

$$S'_1 = \overline{S_1} \cdot S_0 + S_1 \cdot \overline{S_0}$$
$$S'_0 = \overline{S_0}$$
$$Q_1 = \overline{S_1} \cdot S_0 + S_1 \cdot \overline{S_0}$$
$$Q_0 = \overline{S_0}$$

ちなみにこの場合も、やはり偶然(にしては多いですね)なのですが S'_1 と Q_1、S'_0 と Q_0 は同じ論理式になります。

この場合は状態変数が2ビットですから、それを記憶しておくためのDフリップフロップも2個必要です。それをふまえて論理回路を作ってみると、図 4.60 のような回路になります。2個のDフリップフロップのうち、上のほうが S_1 を、下のほうが S_0 を表すように決めています。

いかがでしょうか？

興味のある方や余力のある方は、ぜひ源内CADでシミュレーションし

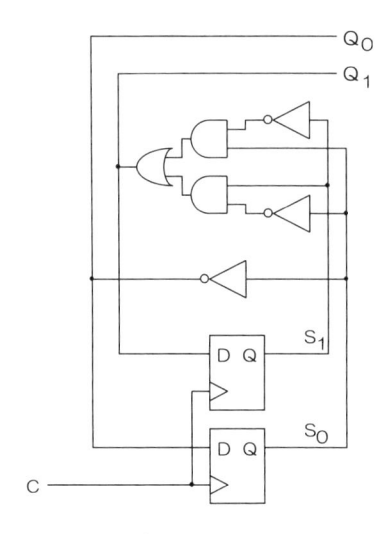

図 4.60 2 ビットカウンタの回路図

図 4.61 2 ビットカウンタの、別の状態符号を割り当てた状態遷移表

現状態 $S_1\ S_0$	次状態 $S'_1\ S'_0$	出力 $Q_1\ Q_0$
0 0 (S0)	0 1 (S1)	0 1
0 1 (S1)	1 1 (S2)	1 0
1 1 (S2)	1 0 (S3)	1 1
1 0 (S3)	0 0 (S0)	0 0

たり、ブレッドボードで回路を作って動かしてみてください。

さて、以前、内部状態への状態符号の割り当てが自由だ、というような話がありましたが、ためしにここでも別の状態符号を使ってみます。ちょっと変わっているかもしれませんが、S0 = 00, S1 = 01, S2 = 11, S3 = 10 と割り当ててみるとしましょう。

ちなみにこの状態符号では、増えていくときに 00 → 0$\underline{1}$ → $\underline{1}$1 → 1$\underline{0}$ → $\underline{0}$0 →… というように、順番に片方の数字だけが変わっていきますが、このような性質を持つ符号を**グレイ符号** (Gray code) と呼びます。

状態遷移図は飛ばすとして、この場合の状態遷移表は図 4.61 のようになり、この状態遷移表から、S'_1, S'_0 は次のような式になります。

$$S'_1 = S_0$$
$$S'_0 = \overline{S_1}$$
$$Q_1 = S'_1 = S_0$$
$$Q_0 = \overline{S_1} \cdot \overline{S_0} + S_1 \cdot S_0$$

これを使うと図 4.62 のような回路ができあがります。余裕のある方は、回路シミュレーションなどを試してみてください。内部状態の状態符号は

違うのに、同じ出力 $Q = (Q_1, Q_0)$ が確かに出てくるはずです。不思議なものですね。

なお、この場合は、最初の「順当な」状態符号の割り当ての場合よりも論理ゲートがたくさん必要な、大きな回路になってしまいました。では、さきほどの「順当な状態符号」が一番ベストだったか、というとそれはわかりません。もしかしたら、もう少し別の状態符号を割り当てて回路を作ってみると、論理式がもっと簡単になって、より小さな回路ができあがるかもしれません。

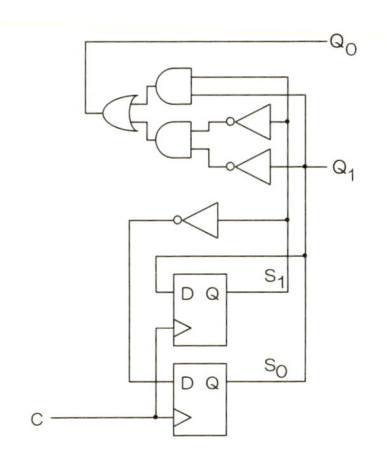

図 4.62　別の状態符号を割り当てた場合の回路図

「どのように状態符号を割り当てればもっとも小さい回路になるか」という問題は、実は非常に奥が深い問題で、一般的な解はありません。地道に「すべての可能な状態符号」を試してみるのが一番確実な方法ではありますが、内部状態が 4 通りぐらいであればなんとかなるにしても、もっと内部状態が多くなると、とてもやっていられません。例えば内部状態が 16 個の順序回路では、単純に考えて可能な状態符号の割り当ては $16! = 20{,}922{,}789{,}888{,}000$ (約 21 兆) 通りもあるため、とてもすべての場合で状態遷移表から論理回路を作って、ということをやっているわけにはいきません。

この類の、場合の数が増えると試さないといけない場合の数がとんでもなく増えて、とてもすべてを試していられない問題を「NP 困難な問題」といいますが、この順序回路の状態符号の「最適な」割り当てを求める問題は典型的な NP 困難な問題です。

どうしても 16 個の内部状態がある順序回路の「最適な」状態符号の割り当てを求めなければならないのであれば、近似的にすばやく解くアルゴリズムを使うか、あるいは「順当な割り当て」をして妥協するぐらいしか

方法はありません。この、状態符号割り当てを、「より最適に近いものをより早く求める」というテーマは、現在でも世界中で多くの研究者が研究しているくらい奥が深いテーマなのです。

使えそうな順序回路の設計 (その 2)

この 2 ビットのカウンタをもう少しいじってみましょう。ためしに、カウンタで数えている数を、好きなときに「0」にリセットする機能をつけてみることにします。イメージとしては図 4.63 のような感じでしょうか。具体的には、リセット信号 R があって、クロック信号 C の立ち上がり時に $R=1$ にすると、無条件でカウント結果である出力が 0 になる、というようにしてみましょう。そうすると、この「リセットつき 2 ビットカウンタ」の動作は次のような感じになります。

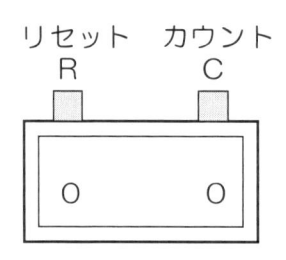

図 4.63 リセットつき 2 ビットカウンタのイメージ

① $R=0$ のとき：普通の 2 ビットカウンタ
② $R=1$ のとき：リセット。つまり出力が必ず 0 になる

このカウンタの状態遷移図は図 4.64 のようになります。どこの状態にいても、$R=1$ であれば、すべて出力 Q が 0 になるとともに状態 $S0$ に戻っています。また最後の状態 $S3$ からの遷移は、実は $R=1$ でリセットされようが $R=0$ で順当にカウントを進めても、どちらにしても出力が $Q=00$ になって状態 $S0$ に移りますので、$R=*$ と、R の値に関係ない、つまりすでに出てきた don't care の記号を使っています。

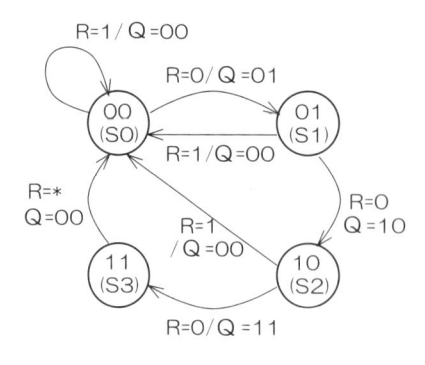

図 4.64 リセットつき 2 ビットカウンタの状態遷移図

第 4 章◎順序回路で記憶させよう！

さて次は状態符号の割り当てと状態遷移図の作成です。ここでは順当に $S0 = 00$, $S1 = 01$, $S2 = 10$, $S3 = 11$ と状態符号を割り当てることにしましょう。状態遷移表を作ると図 4.65 のようになります。そして、これから次のような論理式が導かれます。

入力	現状態		次状態		出力	
R	S_1	S_0	S'_1	S'_0	Q_1	Q_0
0	0	0	0	1	0	1
1	0	0	0	0	0	0
0	0	1	1	0	1	0
1	0	1	0	0	0	0
0	1	0	1	1	1	1
1	1	0	0	0	0	0
0	1	1	0	0	0	0
1	1	1	0	0	0	0

図 4.65　リセットつき 2 ビットカウンタの状態遷移表

$$S'_1 = \bar{R} \cdot \bar{S}_1 \cdot S_0 + \bar{R} \cdot S_1 \cdot \bar{S}_0$$
$$S'_0 = \bar{R} \cdot \bar{S}_1 \cdot \bar{S}_0 + \bar{R} \cdot S_1 \cdot \bar{S}_0$$
$$Q_1 = S'_1 = \bar{R} \cdot \bar{S}_1 \cdot S_0 + \bar{R} \cdot S_1 \cdot \bar{S}_0$$
$$Q_0 = S'_0 = \bar{R} \cdot \bar{S}_1 \cdot \bar{S}_0 + \bar{R} \cdot S_1 \cdot \bar{S}_0$$

あとはこの論理式から、順番に組合せ論理回路を作り、2 個の D フリップフロップをつないで図 4.66 のような回路ができあがります。

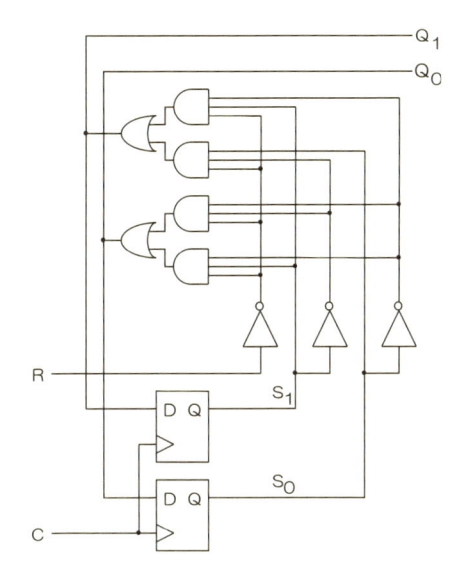

図 4.66　リセットつき 2 ビットカウンタの回路図

もう1つ、順序回路

最後にもう1つだけ、順序回路を作ってみることにしますが、ちょっと趣向を変えて、次のような仕様の回路にしてみましょう。

① 入力 I と出力 Q を持つ
② クロック信号 C の立ち上がり時に I が「1」であればその数を数える
③ この $I = 1$ だった数が 3 回以上になったら、出力を $Q = 1$ とする
④ 一度でも $I = 0$ だったら、数えるのはまた 0 にリセット

この回路の動作は、図 4.67 のようになるでしょう。

```
入力I  000100110011100111100
出力Q  000000000000100001100
```
→ 時刻 t

図 4.67 いま考える順序回路の入力と出力のようす

中央付近で I が 3 回続けて「1」になったきに初めて $Q = 1$ となっています。しかし、その次は I が「0」ですから再び 0 から数え直しになって、しばらくしてから 4 回続けて I が「1」になっているところで 3 回目と 4 回目で $Q = 1$ となっています。最後のところも同様ですね。

この順序回路には、$I = 1$ であった数を覚えておくために次のような 3 つの内部状態が必要になると考えられます。

① $S0$: 1 が来ていない状態 (数えている数 = 0)
② $S1$: 1 が 1 つ連続した状態 (数えている数 = 1)
③ $S2$: 1 が 2 つ連続した状態 (数えている数 = 2)

これを使って、図 4.68 のような状態遷移図を書いてみました。つまり「$I = 1$ が 3 回続く」というのを、「状態が $S2$ で、さらにもう 1 回 (以上) $I = 1$ となったら、$I = 1$ が 3 回 (以上) 来たことになるので $Q = 1$ とする」というわけです。

状態符号の割り当てですが、まずは順当に $S0 = 00, S1 = 01, S2 = 10$ としてみましょう。すると状態遷移表は図 4.69 のようになるはずです。この状態遷移表から、S'_1, S'_0, Q は次のような論理式になります。

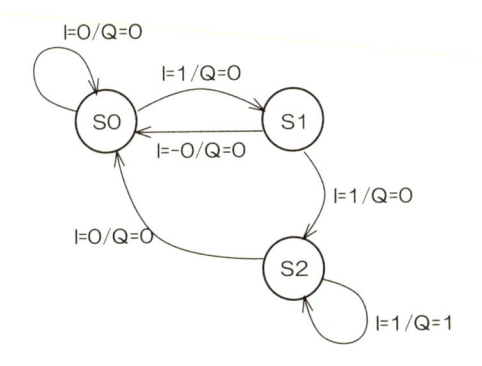

図 4.68　この順序回路の状態遷移図

入力 I	現状態 S_1 S_0		次状態 S'_1 S'_0		出力 Q
0	0	0	0	0	0
1	0	0	0	1	0
0	0	1	0	0	0
1	0	1	1	0	0
0	1	0	0	0	0
1	1	0	1	0	1

図 4.69　この順序回路の状態遷移表
（状態符号割り当て済み）

$S'_1 = I \cdot (\bar{S_1} \cdot S_0 + S_1 \cdot \bar{S_0})$
$S'_0 = I \cdot \bar{S_1} \cdot \bar{S_0}$
$Q = I \cdot S_1 \cdot \bar{S_0}$

この式から作った順序回路が図 4.70 です。

　ためしにこれに、最初に状態を $S0$ にするためのリセット信号を加えて源内 CAD で書いてみたのが図 4.71、論理シミュレーションしてみた結果が図 4.72 です。確かに $I = 1$ が 3 回目のところで初めて $Q = 1$ となっていることが確認できます。このデータも、巻末の Web ページからダウンロードできますので、ぜひやってみてください。

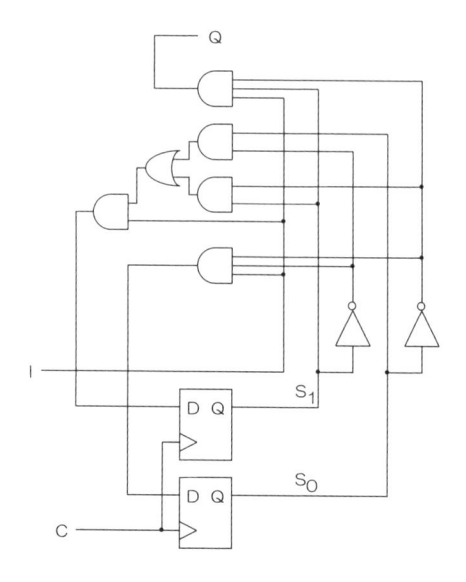

図 4.70　この順序回路の回路図

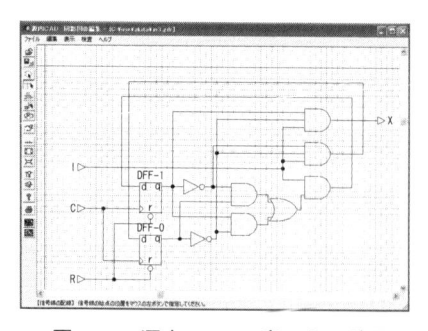

図 4.71　源内 CAD で書いた回路図

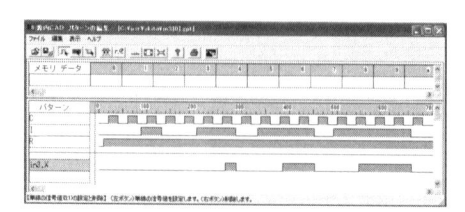

図 4.72　この順序回路の論理シミュレーションの結果

第 4 章◎順序回路で記憶させよう！

状態符号の割り当て、再び

前にも述べたように、順序回路を設計するときに内部状態にどのような状態符号を割り当てるかは自由です。さきほどは順当に $S0 = 00$, $S1 = 01$, $S2 = 10$ としましたが、これが「最適」かどうかは別問題でした。そこで、別の状態符号を使って順序回路を作ってみることにしましょう。

ここでは $S0 = 00$, $S1 = 01$, $S2 = 11$ と、最後の $S2$ だけ変えた状態符号を使うことにします。すると図 4.73 のような状態遷移表ができあがります。これから S'_1, S'_0, Q を求めることになりますが、例えば S'_0 を求めてみることにしましょう。

入力 I	現状態 S_1	S_0	次状態 S'_1	S'_0	出力 Q
0	0	0	0	0	0
1	0	0	0	1	0
0	0	1	0	0	0
1	0	1	1	1	0
0	1	1	0	0	0
1	1	1	1	1	1

図 4.73　別の状態符号を割り当てた後の状態遷移表

S'_0 のカルノー図を使ってみると、図 4.74 のような感じになります。ここで、ポイントとなるのは、* が入っている $I \cdot S_1 \cdot \overline{S_0}$ と $\overline{I} \cdot S_1 \cdot \overline{S_0}$ の項です。図 4.74 からもわかるように、もともと $S_1 = 1$, $S_0 = 0$、つまり "10" という状態符号は使っていませんから、$S_1 \cdot \overline{S_0}$ が含まれる項は、そもそも出てこないのです。これはまさに don't care 項です。そのため、これが含まれる $I \cdot S_1 \cdot \overline{S_0}$ と $\overline{I} \cdot S_1 \cdot \overline{S_0}$ の 2 つの項には don't care 項のしるしとして * が入っています。

		$\overline{S_0}$	S_0
$\overline{I}$	$\overline{S_1}$		
$\overline{I}$	S_1	*	
I	S_1	*	1
I	$\overline{S_1}$	1	1

図 4.74　S'_0 のカルノー図

don't care 項は、都合のいいように解釈してよかったのですから、できるだけまとめて「くくる」ために、図 4.75 のように don't care 項の * をそれぞれ「1」と「0」として考えると、結局 S'_0 は次のようになります。

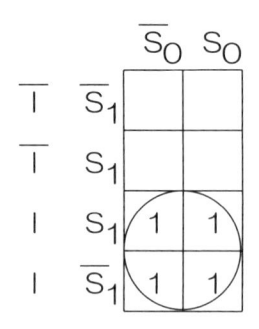

図 4.75　S'_0 のカルノー図のくくり方

$S'_0 = I$

えらく簡略になりました。

　同様に S'_1, Q のカルノー図を書くと図 4.76 のようになりますので、これも don't care 項の * をうまく使って図中のようにくくると、次のような

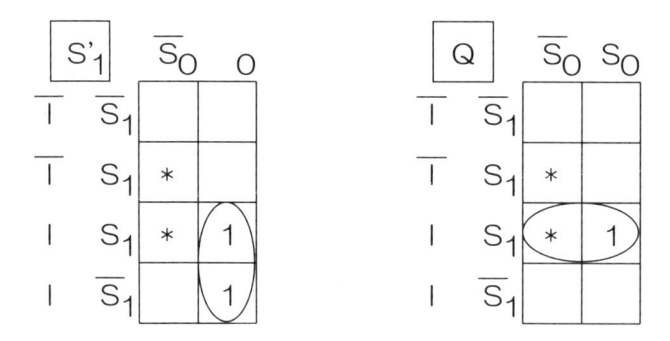

図 4.76　S'_1, Q のカルノー図とくくった結果

論理式が導かれるでしょう。

$S'_1 = I \cdot S_0$

$Q = I \cdot S_1$

　これらを使うと図 4.77 のような回路図になります。非常に簡単になっていますが、論理シミュレーションしてみると、間違いなく図 4.78 のように正しく動作しているのがわかります。状態符号の割り当て方 1 つでずいぶん変わるものですね。

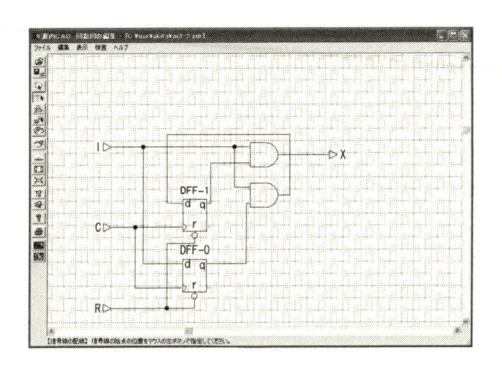

図 4.77 　源内 CAD で書いたこの順序回路の回路図

図 4.78 　論理シミュレーションの結果

　もう 1 つだけ、代表的な状態符号の割り当て方を紹介しておきましょう。それは **One-hot 符号**と呼ばれるもので、例えば 3 つの内部状態がある場合であれば次のように状態符号を割り当てる方法です。

$S_0 = 001$

$S_1 = 010$

$S_2 = 100$

　これは内部状態の数と同じだけ桁数 (この場合は 3 桁) の 2 進数を使い、その中のどれか 1 つだけが「1」になるように状態符号を割り当てる、という方法です。つまり 1 つだけ hot で「1」になっている状態符号、という意味です。

　興味のある方はこの状態符号を使って状態遷移表・順序回路を作ってみていただきたいと思いますが、ぱっと見、大変そうでも、案外頭を使わなくても機械的にできる方法だったりします。

なんでもQアンドA

Q　なぜ「順序」回路と呼ぶのですか。
秋田　状態遷移表に従って、「順番に」状態が動く論理回路だからです。

Q　セットリセットするタイミングというのは、ブレッドボードでは手動でしたが、実際はやはり他の回路からの信号を引き込んでくるのですか？
秋田　「クロック信号」(つまり時計)というぐらいですから、論理回路全体の動作のタイミングをコントロールする「基準時計」を置くことがほとんどです。ちなみにパソコンのCPUの動作周波数〇〇MHzというのも、この基準時計の周波数のことです。

Q　フリップフロップの種類がたくさんあって覚えられません。
秋田　最後の「エッジトリガ式Dフリップフロップ」だけでよいです。順序回路で使うのも、ほとんどこれだけですし、そもそも単に「フリップフロップ」と言ったらこれのことを指すことがほとんどです。

Q　状態遷移図というのはフローチャートみたいなものですか？
秋田　プログラムを書いたことがある方であれば、そのような理解でかまわないと思います。ただ、順序回路には「終わり」はありませんから、無限ループばかりではあります。

Q　状態符号に$S1$や$S0$やSやS'や$\overline{S}$が出てきますが、混乱しそうです。
秋田　$S1 \cdot S0$は「シンボル」で、各状態を区別する記号だと理解してください。SやS'は、その記号(つまり状態符号)を表す「変数」です。また$\overline{S}$は、文字通り「否定」のことですから、この変数を含む論理式に出てくる項という意味です。

ジャンク屋さんというところ

　東京の秋葉原や大阪の日本橋に行くと、「ジャンク屋」と呼ばれるお店があります。秋葉原だと、地下鉄末広町の南西のエリアにたくさんあって、週末になると露店のジャンク屋さんも出店されたりします。見た感じ、何に使うのかよくわからない、というか、ときどき値札がついていないものもあったりして、そもそも売り物なのかもわかならないようなものが売っていたりします。

ジャンク屋さん

　ジャンク屋さんで物を買うときには、不文律のマナーがあります。
　①何に使うものかは聞かない（親切で教えてくれるお店もあります）
　②買ったものが動かなくても文句は言わない（いわゆる無保証）
つまり、店頭で見て、それが何で何に使うかわかる人だけ、自己責任で買ってくださいというわけです（お店によっても違いますので店員さんに聞きましょう）。
　ただし、ジャンク屋さんで売っているものは、格安だったりします。たまにISDNルータが100円ぐらいだったり、パソコン用マウスが10円だったりします（無保証）。
　私は、だいたい次のような感じでジャンク屋さんの楽しみ方をしています。

（その1）単なる飾りとして買う．

部品がいっぱいついた基板とか，とっても古いパソコンとかを飾りにしたり，骨董品的な資料としてしまっておきます．

（その2）もしかしたら使えるかも？と思って買う．

例えばパソコン用メモリが100円で売っていて，もしかしたら使えるかも？　と思って買ってみます．使えたらもうけものという，ある意味バクチです．経験的に，案外使えることが多いような気がします．そのほかにも，パソコンからはずしたプリント基板が100円だったら，そこについているICやコネクタをはずして電子工作に使う，なんてこともあります．

（その3）もしかしたらいつか使えるかも？と思って買う．

いますぐには使いそうにないんだけど，将来ひょっとしたら使うことがあるかもしれないなあと思って，とりあえず買っておいたりします．といっても大半はやっぱり使わないので，部屋がどんどん狭くなるのですが，ときどき「ああ，買っておいてよかった」と思うことがあるので，やっぱりジャンク買いはやめられません．

なおジャンク屋さんで売っているものは，原則として現品限りです．「お！」と思うジャンク品に出会ったら，一期一会．間違っても「また明日来よう」なんて思わず，迷わずその場で買いましょう．

ジャンク商品．宝の山

第5章 言語を使った設計

　ここまでは、真理値表やカルノー図を使い、いわば「手作業」で論理回路の設計をしてきたわけですが、このような「手作業」による論理回路の設計は、非常に手間がかかります。

　この調子でCPUのような複雑な論理回路を設計していたら、とてもじゃないですが、やっていられません。また、手作業の設計は、時間がかかるだけでなくてミスも入りやすく、特に複雑な論理回路を作る場合には、必ずしもうまい方法とはいえません。

　そこでこの章では、近年主流となってきている、「言語」による論理回路の設計について、実例を交えながら紹介しましょう。

5.1 論理回路を記述する「言語」

もっと簡単に設計しよう

　組合せ論理回路でも順序回路でも、回路の設計はだいたい次のような手順で行いました。

---
①作りたい機能を、ブール代数におとす
②カルノー図などを使って簡略化する
③論理ゲートにもどす（論理合成）

とても面倒なのが②の簡略化のステップです。①のステップでも、前章で数を数えるカウンタを設計した際、「数を数える」という機能を「2進数で表して状態変数へ…」と、ブール代数の表現へと変換したように、案外頭と時間を使うものです。

なんかこう、もっと直感的に、考えた通りの論理回路を作ってくれるような道具はないものでしょうか。

…なんていう都合のいいことを考えてしまいますが、やっぱり世の中同じようなこと考える人がいるもので、そのような論理回路の設計方法が近年確立されてきました。それが、論理回路の動作を「言語」で記述して、そこから先は半自動で論理回路に変換してもらう、という方法です。

これは「作りたいもの」という抽象的な高次の概念から、実際の論理回路という具体的な低次の概念へとおとしていく設計手法であるため、**トップダウン設計**と呼ばれます。逆に、ブール代数から論理回路、そしてそれをまとめてさらに高機能な論理回路へ、というように下から上へ積み上げ

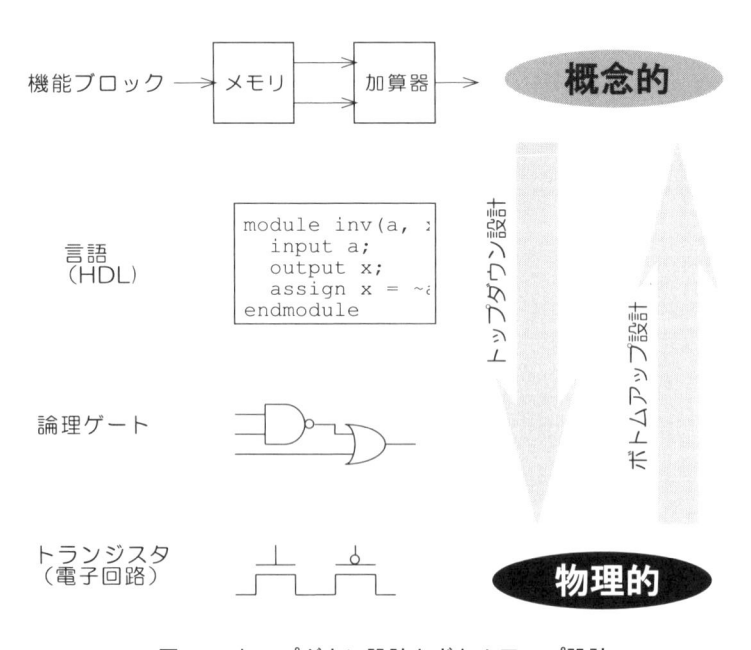

図 5.1　トップダウン設計とボトムアップ設計

第 5 章◎言語を使った設計

ていくタイプの設計手法を**ボトムアップ設計**と呼びます。

両者は、図 5.1 に示すように、全く逆の設計思想・設計方針です。

トップダウン、ボトムアップというのは、私たちの日常生活でもよく使う考え方です。「まずこういうことをしたい」ということを先に考えて、「じゃあ○○をすればいい」という手段を後で考えるのは、典型的なトップダウン手法です。

逆に「部品としてのこれとこれ」という個々の要素のことから始まって、「それを組み合わせて○○を作る」というように考えるのは、典型的なボトムアップ手法です。この両者は、どちらが優れている・劣っている、というものではなく、用途に応じて使い分けるべきものです。ただし、大規模で複雑な論理回路を作るときは、圧倒的にトップダウン設計が便利でしょう。

前置きが長くなりましたが、トップダウン設計をするためには、論理回路を記述・表現するための「言語」が必要です。とはいっても、例えば「NAND ゲートが欲しい」という日本語で書いてしまうと、コンピュータで処理をするのは大変ですので、論理回路設計の「言語」もやはり C 言語や Java などのプログラミング言語のように、コンピュータで扱いやすい言語になっています。

このような、論理回路を記述・表現する言語のことを一般に**動作記述言語** (Hardware Description Language; HDL) と呼びますが、プログラミング言語にもいろいろあるように、この HDL にもいくつかの言語があります。世界的に広く使われているものは「VHDL」と「VerilogHDL」です。このほかにも、「SFL」など、いろいろな HDL があります。この章では、もっとも代表的な言語である **VerilogHDL** をとりあげてみましょう。ちなみに、VerilogHDL は 1985 年に Automated Integrated Design Systems 社によって開発された言語で、Verilog とは verifying logic (論理を確認する) という意味です。

もし本格的に HDL を使ってみよう、という方がいましたら、とてもこの本でカバーしきれる内容ではありませんので、ぜひ専門書をあたられることをお勧めします。例えば、手前味噌ながら「HDL による VLSI 設計」(深

山正幸・北川章夫・秋田純一・鈴木正國著, 共立出版）など、多くの専門書があります。あくまでもこの本では、HDL の入口の部分だけだと思ってください。

VerilogHDL で組合せ論理回路を書いてみる

VerilogHDL というのは「言語」ですので、それを実際に実行させることが必要になりますが、実行させるためのソフトウェアはフリーで入手できます。これはあとで紹介しますので、まずは VerilogHDL で組合せ論理回路を書いてみましょう。

VerilogHDL で論理回路を書くときは、基本的には次のような項目を順番に書きます。

---
①論理回路の名前
②論理回路の入力と出力
③論理回路の動作・機能

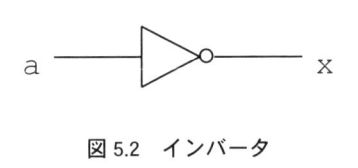

ごたくを並べるよりも実例を見ていただいたほうが早いので、早速、入力が a、出力が x の、図 5.2 のようなインバータを書いてみると図 5.3 のようになります。

図 5.2　インバータ

```
module inv(a, x);
    input   a;
    output  x;
    assign  x = ~a;
endmodule
```

図 5.3　VerilogHDL で書いたインバータ

ここには、次のようなことが書いてあります。

1 行目：この論理回路 (module) は「inv」という名前で、a, x という

　　　　入出力端子がある
2行目：この論理回路の「入力 (input)」は a である
3行目：この論理回路の「出力 (output)」は x である
4行目：x は、「a の否定」がつながっている (~ は「否定」を表す演算子で、
　　　　~a は「a」の否定という意味)
5行目：おしまい

　つまり「この回路は inv という名前で入力が a、出力が x で、x=~a という機能である」ということがそれらしく書いてあるわけです。
　なんだそれだけ？　という気もしますが、これは VerilogHDL という言語で書いた立派な「インバータ」です。
　この調子で行くと、もっと複雑な組合せ論理回路でもどんどん書けそうですね。ちなみに「~」は否定でしたが、論理積は「&」、論理和は「|」、排他的論理和は「^」で表されます。

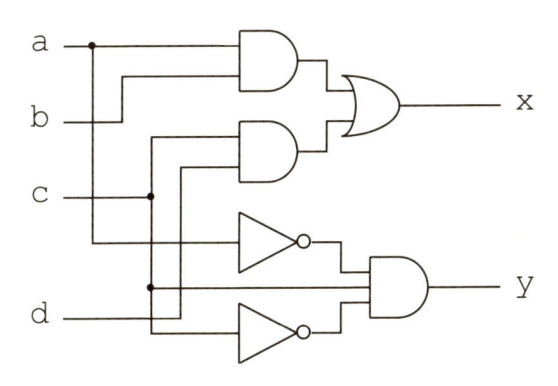

図 5.4　けっこう複雑な組合せ論理回路

　もう 1 つ書いて見ましょう。図 5.4 のような組合せ論理回路は次のような論理式に対応しています。

$$x = (a \cdot b) + (c \cdot d)$$
$$y = \bar{a} \cdot b \cdot \bar{c}$$

この回路を VerilogHDL で記述すると次の図 5.5 のような感じになります。

```
module hoge(a, b, c, d, x, y);
    input   a, b, c, d;
    output  x, y;
    assign x = (a  b) | (c  d);
    assign y = ~a  b  ~c;
endmodule
```

図 5.5　VerilogHDL で図 5.4 の組合せ論理回路

論理式をそのまま書いたような感じですね。ちなみに「ああ、この論理式、カルノー図とかで簡略化しなくちゃ」と、気にする必要は全くありません。実は論理式の簡略化は、コンピュータが自動的にやってくれます。大規模な論理回路を作ろうとしているときは、この点だけでもとても助かりますね。

話はそれますが、この回路には「hoge」(ほげ)という名前がついていますね。元来、例としてのプログラムやファイルに名前をつけるとき、英語圏のコンピュータのソフトウエアの世界では、「foo」という単語がよく使われます。例えばこんな感じです。

`mv foo foo.org`

これは UNIX で mv コマンドを使って foo という名前のファイルを foo.org に変更するときのコマンド操作です。このように、「mv コマンドというのは、ファイル名の名前を変えるときに使うんだよ」という例を示す際、その説明の都合上、「foo」というファイル名を使うわけです。そして、コンピュータの黎明期の日本で、「日本にもこの foo に対応する言葉が必要だ！」ということで、「hoge」という単語が開発されたのです。これから派生して「hogehoge」なんていう単語もよく使ったりします。この言葉の語源はいろいろ研究している人もいて、例えば以下のような Web ページがあるようです。興味のある方はのぞいてみてください。

→ http://member.nifty.ne.jp/maebashi/programmer/hoge.html

おっと、ちょっと話が横道にそれました。

VerilogHDL で論理シミュレーション

このように VerilogHDL を使うと、組合せ論理回路を直感的に記述することができますので、慣れれば便利そうな気はするのですが、「それで？」という感想を持った方も多いのではないかと思います。

というのも、たしかに組合せ論理回路を表現はできたかもしれませんが、回路図を書く代わりに式を書いたようなものですから、そのままでは使えません。最終的にほしいのは、実際の IC などの電子回路ですので、ただ「組合せ論理回路を書きました」だけでは、絵に描いた餅と同じで、あまり意味がありません。

結論から言うと、もちろん VerilogHDL で書いた論理回路も、最終的にはちゃんと実体のある電子回路に変換することができます。

まずはその第一歩として、VerilogHDL で書いた組合せ論理回路が、本当に意図した通りに動くのかを確かめるシミュレーションをしてみましょう。これには、VerilogHDL で書かれた論理回路に対するシミュレータ、いわゆる **Verilog シミュレータ** と呼ばれるものが必要になります。このシミュレータには、お手軽に使えそうなフリーウエアのものから、ン百万円もするプロ用のものまでいろいろありますが、もしあなたが大学か高等専門学校の学生であるなら、LSI の教育研究のための機関である VDEC (VLSI Design and EducationCenter) を利用するとよいでしょう。

→ http://www.vdec.u-tokyo.ac.jp/

こちらは、教育・研究用途のための VerilogXL-Turbo という名前の「ホンモノ」の Verilog シミュレータや、以下で紹介するトップダウン設計のための各種ソフトウエアをほとんど無料で利用することができます。また、それらを用いて自分で設計した LSI を格安で試作してもらうことができます。もしあなたが学生ならば、学校内で話を聞いてくれそうな先生をつかまえて、VDEC を使いたいと説得しましょう。

残念ながら VDEC を利用できる環境にない方は、フリーウエアとして使える Verilog シミュレータがいくつかありますので、それを利用するとよいでしょう。例えば Icraus Verilog というのがあって、多くの人が解説記事をインターネットで公開しています。以下のところを参考にしてみて

ください。

→ http://www.sekine-lab.ei.tuat.ac.jp/~imanaka/verilog.html

以下では、VDEC の VerilogXL-Turbo を使って論理シミュレーションすることを想定して解説していきますが、基本的には他の Verilog シミュレータでも同様ですので、適宜読み替えて試してみてください。

まず、さきほどの図 5.3 で書いた 1 個のインバータの論理シミュレーションをしてみましょう。この図 5.3 の内容を inv.v として保存しておきます。ちなみに VerilogHDL で記述したファイルの拡張子は .v とするのが通例です。

論理シミュレーションをするためには、源内 CAD のときもそうでしたが、入力を与える必要があります。それには、VerilogHDL で下の図 5.6 のようなことを書いておけば OK です。

```
 1: `timescale 1ns / 1ns
 2:
 3: module inv-test;
 4:    reg a;
 5:    wire x;
 6:
 7:    inv inv(a, x);
 8:
 9:    initial begin
10:      a = 0;
11:      #100;
12:      a = 1;
13:      #100;
14:      $finish(2);
15:    end
16:
17:    initial begin
18:      $monitor($time,,"a=%b x=%b", a, x);
19:    end
20: endmodule
```

図 5.6　インバータのシミュレーションをするための VerilogHDL 記述

ここでは、これを inv-test.v というファイル名で保存しておきましょう。このファイルに書いてある内容の細かいことは専門書を参照していただくとして、概略だけを簡単に見ていきます。

① 論理シミュレーションをするための、入力信号を含めた回路に inv-test という名前をつける (3 行目)
② inv.v の中にある、シミュレーションしたい回路 inv を呼び出す (7 行目)
③ 入力信号を与える。ここでは入力をまず a=0 とし、#100; で 100 ns (100 ナノ秒) だけ待った後、今度は入力を a=1 として、再び 100 ns だけ待つ (9 〜 15 行目)
④ これと並行して、入力 a と出力 x の値を画面に表示するように設定する (17 〜 19 行目)

こんな感じで、図 5.7 にあるようなタイミングチャートの入力を与えているわけです。

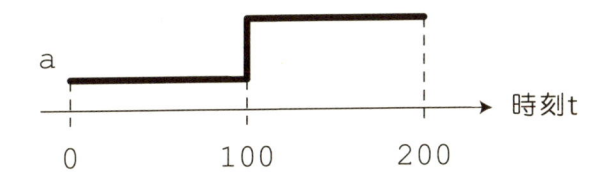

図 5.7 インバータの論理シミュレーションで用いる入力

さあ、あとは論理シミュレーションして出力を観察してみましょう。次のような感じでインバータ自身 inv.v と入力信号など (inv-test.v) の 2 つのファイルを指定して Verilog シミュレータを実行してみます。

% verilog inv-test.v inv.v

すると画面に図 5.8 のような感じで論理シミュレーションの結果が出てきます (残念ながら Verilog シミュレータを使える環境がない方は、これを見て、出てきたつもりになってください)。

```
Compiling source file "inv-test.v"
Compiling source file "inv.v"
Highest level modules:
inv-test

                  0 a=0 x=1
                100 a=1 x=0
L14 "inv-test.v": $finish at simulation time 200
```

図 5.8 インバータの Verilog シミュレーションの結果

　左端の数字が時刻です。まず時刻 0 で入力が a=0 となり、それに対応して出力が x=1 と、確かにインバータになっていることがわかります。次の時刻 100 では、今度は a=1 となり、それに対応して x=0 と、これも確かにインバータになっています。そして時刻 200 でシミュレーションが終了しています。この結果から、inv.v で記述したインバータは、間違いなくインバータとして働いていることが確認できます。

　まあインバータぐらいなら、あたりまえ、という気もしますが、もっと複雑で大規模な回路でも、同じような調子で論理シミュレーションができます。Verilog シミュレータが使える環境がある方は、ぜひいろいろな論理回路のシミュレーションを試してみてください。

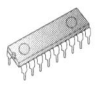

5.2 トップダウン設計をやってみよう

　このように、VerilogHDL で記述した組合せ論理回路が、正しく動作しているっぽいことが論理シミュレーションで確認できました。とはいうものの、シミュレーションだけでなく、やはり最終的には実際の電子回路にして、スイッチや LED をつないでみたいところです。

　VerilogHDL で記述した論理回路を実際の電子回路に変換する方法はいくつかあります。ここでは、ちょっと大げさではありますが、その回路を集積回路 (LSI) にしてみましょう。LSI は、74HC00 のような IC よりもさらに回路規模の大きいものですが、そんじょそこらの IC と違う一番の

ポイントは、「あなたがいま VerilogHDL で書いた回路」を作ることができるという点です。市販の汎用品じゃありません。あなただけのオリジナルのカスタムメイドの IC なのです。さすがにカスタムメイドの IC を作るのは大変なことが多いのですが、さきほどの VDEC を利用できる環境にある方であれば、格安 (ただし LSI の世界で、という意味です) でこのようなカスタムメイドの IC を作ってもらうことができます。一昔前までは考えられない夢のような話です。

ここでは、この VDEC で利用できるソフトウエアを使って、自分で VerilogHDL で記述した論理回路を、カスタムメイドの IC として試作に出す直前の状態までやってみることにしましょう。その気になれば、あとは年に数回ある試作のチャンスに申し込めば、数ヵ月後には、図 5.9 のような、自分で設計したオリジナルの、世界に 2 つとないカスタムメイドの IC が届きます。

図 5.9　VDEC を利用して試作したカスタムメイド IC

せっかくカスタムメイドの IC を設計するのですから、インバータ 1 個ではちょっと寂しいので、図 5.5 で書いてみた「hoge」回路をカスタムメイド IC にしてみることにしましょう。

論理を合成する

まず最初に行うことは、VerilogHDL で書いた論理回路の記述を、論理ゲートを使った回路に変換する、いわゆる論理合成の作業です。

VerilogHDL で書いた回路は、まだ「言語」で書いたものなので、それを実際の論理ゲート (インバータや AND ゲート、OR ゲートなど) を使って論理回路に変換する必要があります。これが論理合成ですが、これを人手でやったのではせっかくのトップダウン設計の意味がありませんので、論理合成用のプログラムを使うことにしましょう。

ここでは、VDEC で利用可能な Synopsys 社の論理合成ツールである DesignAnalyzer を使ってみることにします。この DesignAnalyzer の細かい使い方は、やはりそれだけで 1 冊の本になりそうなのでここでは結果だけ紹介することにしましょう。実際に実行してみると DesignAnalyzer は、図 5.5 をもとに、途中細かいパラメータを調整しながら半自動で論理合成を行って、図 5.10(a) のような論理回路を作ってくれました。確かに図 5.4 の hoge 回路のようです。さらに、これを自動的に最適化させると、

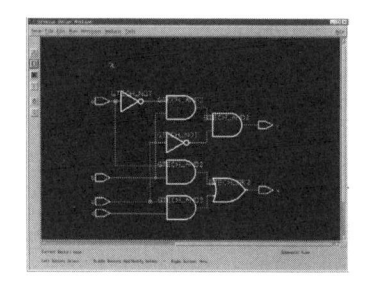

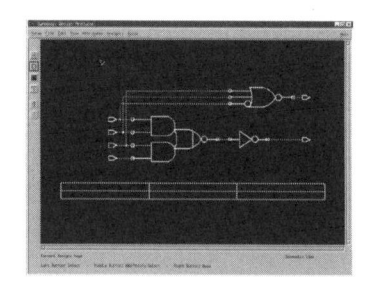

図 5.10 hoge 回路を論理合成した結果 (a) と、それを最適化した結果 (b)

図 5.10(b) のようになります。これぐらいの規模の論理回路だと、最適化、といってもあまりピンときませんが、この最適化を行うと、カルノー図を使った簡略化以外にもさまざまな処理をやってくれますので、大規模な論理回路では威力を発揮します。

hoge ぐらいの規模の回路であれば、本当に意図した通りの論理回路であるかどうかを目で確認することもできますが、もっと大きいものでは、人手での確認はほとんど不可能です。そのようなときは、ちょっとくやしいかもしれませんが、コンピュータの出した結果を信じることにしましょう。もちろん本格的な設計のときには、合成した結果を論理シミュレーションして、ちゃんと意図した通りの論理回路ができていることを確認する必要があります。

配置して配線する

　これで前半は終わりました。しかし、この時点で論理合成して得られた回路図は、あくまでも論理ゲートという記号を使った回路図です。カスタムメイドICにするためには、これを電子回路に変換する必要があります。この後半部分を見ていくことにしましょう。

　論理回路と電子回路の対応についての部分は拙著「ゼロから学ぶ電子回路」をご参照いただきたいと思いますが、例えばインバータという論理ゲートは、図5.11のように3段階の表現方法があります。

　図5.11(a)は、いままで何度もでてきた論理ゲートの記号としてのイン

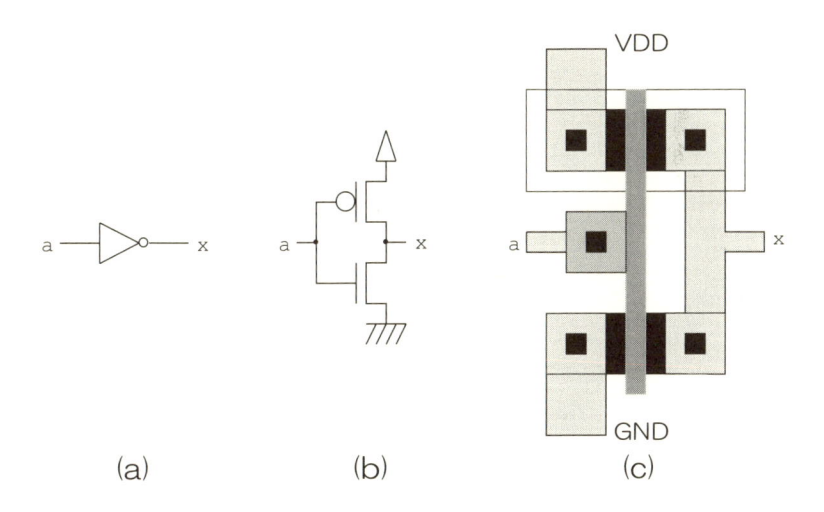

(a)　　　　　　　　(b)　　　　　　　　(c)

図5.11　インバータの3段階の表現：(a)論理ゲート記号、
　　　　(b)トランジスタ回路、(c)レイアウト図

バータです。これを、MOSトランジスタという電子部品を使って作ったのが図5.11(b)の回路図です。この回路図の詳細はここでは触れませんが、2つのMOSトランジスタを使った電子回路で、「1」を高い電圧、「0」を低い電圧で表すことで、インバータとして働くわけです。

　とはいっても、MOSトランジスタは、まだ回路図の記号のままですので、「本物の」電子回路ではありません。MOSトランジスタは、秋葉

原や日本橋の電子部品店にいくと、単体で図 5.12 のような形をして売られているのですが、この中には、第 1 章で見たような中身が入っていて、その実体は、シリコンなどの半導体物質上に組み込まれた電子回路です。

シリコンの結晶の表面に電子回路を作る際の、インバータの設計図が図 5.11(c) です。このような図を**レイアウト図**といいます。このようなレイアウト図を半導体メーカに渡して、その通りの IC を作ってもらうわけです。

インバータが図 5.11(a) の論理ゲート図から図 5.11(c) のレイアウト図へ対応して

図 5.12　単体で売っている MOS トランジスタ

いるように、他の論理ゲート、例えば AND ゲートや OR ゲートでも、レイアウト図への対応があります。なお、レイアウト図には、「設計ルール」といってトランジスタの最小の大きさはいくらぐらい、というような細かい制約がたくさんありますが、あらかじめ誰かがその設計ルールに沿って、各論理ゲートのレイアウト図を作ってくれていますので、それを「ライブラリ」としてありがたく使わせていただけばよい場合がほとんどです。

さて、この hoge 回路をシリコンの表面上に作るためのレイアウト図を、VDEC で提供されている論理ゲート - レイアウト図のライブラリを使って設計してみることにしましょう。ここでも専用のソフトウエアを用います。このソフトウエアは、論理合成した結果の回路図とライブラリに基づいて論理ゲートをレイアウトし、図 5.13 のような感じで回路図通りに配線してくれます。このようなソフトウエアを特に配置配線ツールと呼びます。ここでは、VDEC で利用可能な配置配線ツールである Avant! 社の Milkyway と Apollo という 2 つのソフトウエアを使って、hoge 回路の配置配線を行ってみることにしましょう。これらのソフトウエアも半自動で配置配線を行ってくれますが、その使い方は、これまたこれで 1 冊の本になってしまいますので、ここでは細かいことは触れず、結果だけ見ておくことにしましょう。

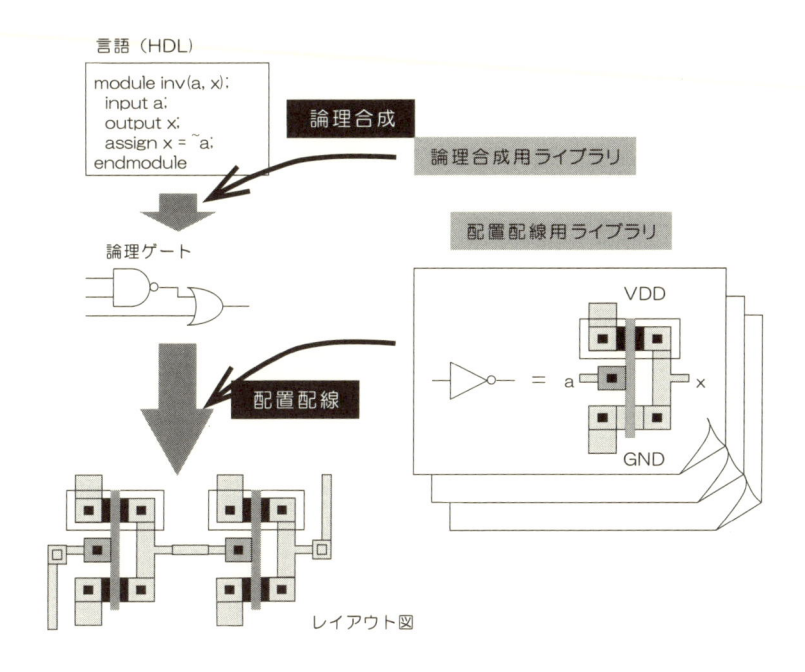

図 5.13　論理合成から配置配線へ

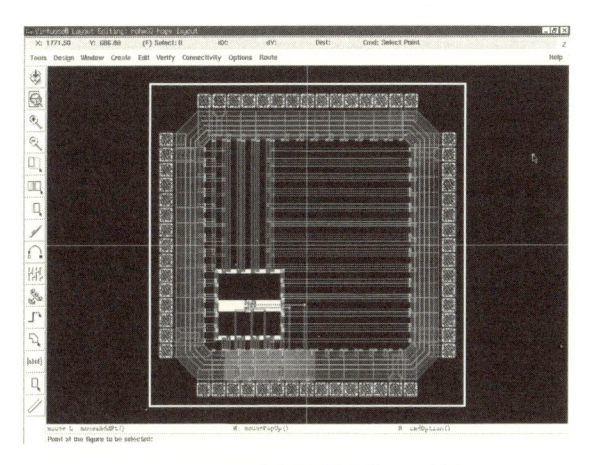

図 5.14　hoge 回路を配置配線した結果の
レイアウト図

結果だけですが、Milkyway と Apollo を使って hoge 回路を配置配線した結果が図 5.14 です。えらくスカスカに見えますが、これは hoge 回路が小さすぎるためで、拡大してみると図 5.15 のように確かにそれらしいレイアウト図になっています。

　本来ならば、この結果からもう一度シミュレーションをして、正しく配置配線が行われているかを確認します。

　以上で hoge 回路の設計が完了しました。あとはこのレイアウト図のデータを試作にまわせば、数ヵ月後にはカスタムメイドの hoge 回路の IC ができあがってきます。

　いかがでしょう。途中の論理合成ツールと配置配線ツールの細かい使い方は省略していますが、だいたいの流れを見るとと、ずいぶん「楽チン」ではないでしょうか。いまは hoge 回路でしたが、これよりもっと複雑で大規模な回路でも、作業の流れは基本的に同じです。どんな論理回路でも作れそうな気がしてきませんか？

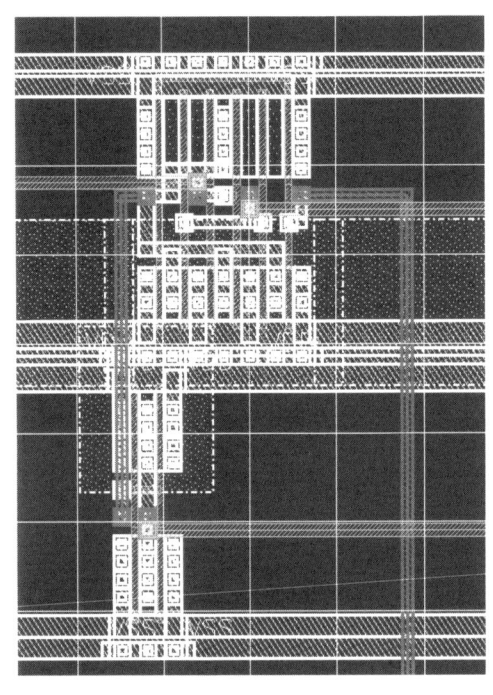

図 5.15　hoge 回路のレイアウト図の拡大図

トップダウン設計をすると何が便利？

　トップダウン設計では VerilogHDL で論理回路を書くことがスタート

ポイントだったわけですが、この方法のメリットはなんでしょう？

それは第1に、論理回路の「仕様」を変更したいときにすぐに変更できるという点です。

例として、図5.16のような真理値表の組合せ論理回路を作ることを考えてみましょう。これは、aという2桁の2進数を、xという4桁の2進数に対応させる変換です。このような組合せ論理回路を、**デコーダ**(decoder)と呼びます。この場合は、入力が2ビットで、出力が4ビットなので、「2ビット→4ビットデコーダ」というわけです。そして、下の図5.17がこの「2ビット→4ビットデコーダ」をVerilogHDLで書いたものになります。

a_1	a_0	x_3	x_2	x_1	x_0
0	0	0	0	0	1
0	1	0	0	1	0
1	0	0	1	0	0
1	1	1	0	0	0

図5.16　2ビット→4ビットデコーダの真理値表

```
module decoder(a, x);
  input  [1:0] a;
  output [3:0] x;
  reg    [3:0] x;

  always @(a) begin
    case (a)
      2'b00 : x <= 4'b0001;
      2'b01 : x <= 4'b0010;
      2'b10 : x <= 4'b0100;
      2'b11 : x <= 4'b1000;
      default : x <= 4'bxxxx;
    endcase
  end
endmodule
```

図5.17　2ビット→4ビットデコーダ回路のVerilogHDL記述

さきほどは出てこなかった書式がたくさんありますが、あまり細かいこ

とは気にしなくて大丈夫です。ポイントは、「入力 a が 2 本」ということが「input [1:0] a;」という部分の 1:0、つまり「1 番から 0 番の 2 本」というように書かれていて、「出力 x が 4 本」ということも、「output [3:0] x;」と、「3 番から 0 番の 4 本」というように書かれている、という点です。そのあとは、図 5.16 の真理値表が、case 文 (場合分け文) というのを使ってほとんどそのまま書かれています。

これを書き終わった後で、入力 3 本・出力 8 本 (= 2^3) の「3 ビット→ 8 ビットデコーダ」が急に必要になったとしましょう。このような急な話はよくあることなのですが、「えー、また最初から VerilogHDL で書くのは面倒くさいじゃん」と思ってしまいそうです。

ところが、手元には、入力 2 本・出力 4 本の「2 ビット→ 4 ビットデコーダ」はあるのです。実はこれを次の図 5.18 ように、ちょこっと変更するだけで、「3 ビット→ 8 ビットデコーダ」ができてしまうのです。

```
module decoder(a, x);
  input   [2:0] a;      ←※ [1:0] → [2:0]
  output  [7:0] x;      ←※ [3:0] → [7:0]
  reg     [7:0] x;

  always @(a) begin
    case (a)
      3'b000 : x <= 8'b00000001;   ←※ 2'b → 3'b
      3'b001 : x <= 8'b00000010;       4'b → 8'b
      3'b010 : x <= 8'b00000100;
      3'b011 : x <= 8'b00001000;
      3'b100 : x <= 8'b00010000;
      3'b101 : x <= 8'b00100000;
      3'b110 : x <= 8'b01000000;
      3'b111 : x <= 8'b10000000;
      default : x <= 8'bxxxxxxxx;
    endcase
  end
endmodule
```

図 5.18　3 ビット→ 8 ビットデコーダ回路の VerilogHDL 記述
(※印が主な変更点)

うそ？　という気もしますが、図5.18に主な変更点を示してあるように、要するに変更したのは、「入出力の数」と「真理値表の増えた部分」だけなんですよね。そのほかの部分は図5.17の「2ビット→4ビットデコーダ」と全く同じです。HDLを使うと、まるでC言語などで書かれたプログラムをちょこちょこっと変更するような感じで、論理回路を扱うことができるわけです。もちろん、変更後のものを実際の電子回路におとすのも、論理合成ツールと配置配線ツールを使って半自動でできますから、ほとんどコンピュータ任せです。

このように、HDLを使っての「トップダウン設計」は、特に現代の論理回路設計には必要不可欠なものとなっています。しかし、VerilogHDLなどのHDLは、C言語のようなコンピュータ・プログラミング言語とは異なり、あくまでも論理回路を表現するためのものですから、HDLを「うまく」使いこなすためには、「こういう書き方をすると、最終的にはこういう論理回路になるかな」ということを念頭におきながら使うことが大切です。いくらHDLを使って論理回路の設計が楽になったといっても、第3章や第4章で見てきたような論理ゲートやカルノー図、順序回路の設計といった知識も必要不可欠なのです。HDLさえ知っていれば他はいらない、といういものでは決してないことを理解しておいてください。

5.3　VerilogHDLで順序回路を作ってみよう

VerilogHDLでフリップフロップを書いてみる

ここまで、VerilogHDLで書いてきたのは組み合わせ論理回路ばかりでした。せっかくですから、順序回路も書いてみることにしましょう。まずは手始めに、フリップフロップ(と単に書くと、ほとんどの場合は暗黙の了解で「エッジトリガ式Dフリップフロップ」を指しています)を書いてみることにします。

理屈から入るより、まずは実例から入っていきましょう。図5.19が、VerilogHDLでDフリップフロップを書いてみたものです。順番にいきましょう。

```
 1: module dff(d, c, q, rst);
 2:   input   d, c, rst;
 3:   output  q;
 4:   reg     q;
 5:
 6:   always @(posedge c) begin
 7:     if (rst == 1'b1) q = 0;
 8:     else q = d;
 9:   end
10: endmodule
```

図 5.19　VerilogHDL で書いた D フリップフロップ

　まず 1 行目で、この回路に dff という名前をつけ、入出力の端子の名前を書いています。そして 2 〜 4 行目で入出力の種類を定義しています。

　そこから先が D フリップフロップの本体ですが、動作といっても D フリップフロップがすることは「クロック信号 c の立ち上がりのときに入力 d の値が出力 q に移る」、というものでした。ついでですから、rst 端子を「1」にすると出力 q が「0」になる、というリセット機能も持たせることにしましょう。

　この動作をまとめると、「クロック信号 c の立ち上がりのとき」にするべき動作は次のようになります。

　① rst=1 であればリセットなので、強制的に q=0 とする
　② rst=0 であれば通常動作なので、q=d とする

このことが書いてあるのが 6 〜 9 行目です。VerilogHDL では「立ち上がり」のことを positive edge を略して「posedge」と書きます。@ マークは英語の前置詞 at と同じ意味ですから、これを使って 6 行目の 1 行だけを英語的に読むと、「c の立ち上がりのときにはいつも」ということになります。つまり c の立ち上がりのときに、それ以下の動作をする、という指定をしているわけです。その動作の内容が 7 〜 8 行目で、まず 7

行目でrst=1の場合の動作を書いています。その動作はリセットですからq=0とする、ということを素直に書いてあるだけです。ちなみに1'b1というのは、1ビットの2進数で書いた「1」というVerilogHDL特有の書き方です。逆にrst=0のときは通常動作ですから、そのままq=dと、出力qに入力dの値をそのまま代入しているだけです。

さて、これを論理シミュレーションしてみましょう。

```
Compiling source file "dff-test.v"
Compiling source file "dff.v"
Highest level modules:
dff-test

            0 rst=0 c=0 d=0 q=x
           10 rst=1 c=0 d=0 q=x
           20 rst=0 c=0 d=0 q=x
          100 rst=0 c=1 d=0 q=0
          200 rst=0 c=0 d=0 q=0
          300 rst=0 c=1 d=0 q=0
          400 rst=0 c=0 d=0 q=0
          500 rst=0 c=1 d=1 q=1
          600 rst=0 c=0 d=1 q=1
          700 rst=0 c=1 d=1 q=1
          800 rst=0 c=0 d=1 q=1
          900 rst=0 c=1 d=1 q=1
         1000 rst=0 c=0 d=1 q=1
L11 "dff-test.v": $finish at simulation time 1020
```

図5.20　Dフリップフロップの論理シミュレーションの結果

クロック信号cの立ち上がりでDフリップフロップとしての動作をしていることがわかりますね。

いかがでしたか？　多少の文法はありますが、HDLも「英語っぽく」読むと、書いてある動作が何となくわかるのではないでしょうか。

VerilogHDL で順序回路を書いてみる

せっかく D フリップフロップを書いたので、この調子で順序回路を書いてみることにしましょう。順序回路は、組合せ論理回路を書いて D フリップフロップをつけて…という手順で作りましたが、HDL を使うと、順序回路の動作そのものをもう少し直感的に書くことができます。まずは例を見てみることにしましょう。

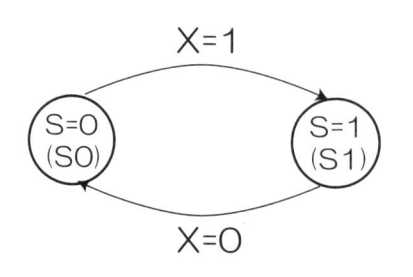

図 4.40 状態符号を使った順序回路の状態遷移図

図5.21は、前章で出てきた図4.40のような順序回路を、VerilogHDL で書いてみたものです。

```
module fsm1(c, x, rst);
  input   c, rst;
  output  x;
  reg     q;
  reg     s;

  always @(posedge rst) begin
    s = 0;
  end

  always @(posedge c) begin
    s = ~s;
  end

  assign x = s;

endmodule
```

図 5.21　VerilogHDL で書いた順序回路 (その 1)

この順序回路は、クロック信号 c の立ち上がりごとに 2 つの内部状態 $S1$ $(S=1)$ と $S0$ $(S=0)$ が入れ替わり、それに応じて出力 X も、1 と 0 が入れ替わる、というものでした。図 5.21 の VerilogHDL 記述では、内部状態として s という状態変数を、出力として x という変数を定義しています。また最初に s=0 という状態にリセットするための rst という入力も持たせています。

　この順序回路の動作を次の 3 つに分けて考えましょう。

① rst=1 のときは、内部状態を s=0 とする (リセット動作)
② クロック信号 c の立ち上がり時には、状態変数 s の 0 と 1 を入れ替える (状態遷移)
③ 出力 x は、実は内部状態 s と同じ値にする

　まず、最初のリセット動作を、1 つ目の always 文で書いています。つまり rst の立ち上がり (posedge) には、無条件で内部状態 s を 0 としています。

　②の状態遷移の動作は次の always 文で書いてあって、クロック信号 c の立ち上がり時に、s=~s と書いて、そのたびごとに s の値の否定 (~ は VerilogHDL では否定を表すのでした) をとることで、いま s=0 ならば次は s=1、逆に s=1 ならば次は s=0、というように内部状態 s の 0 と 1 を入れ替えています。

　最後の出力 x は、最後の assign 文で状態変数 s と同じ値をそのまま接続しています。

　以上で書いた順序回路を、適当な入力 (といってもこの場合はクロック信号 c だけ) を与えて論理シミュレーションを行った結果が図 5.22 です。

　クロック信号 c の立ち上がりごとに状態変数 s の 0 と 1 が入れ替わり、それに応じて出力 x も変わるという、図 4.40 で書いた状態遷移図の通りの順序回路ができていることになります。

```
Compiling source file "fsm1-test.v"
Compiling source file "fsm1.v"
Highest level modules:
fsm1-test

                   0 rst=0 c=0 x=x
                  10 rst=1 c=0 x=0
                  20 rst=0 c=0 x=0
                 100 rst=0 c=1 x=1
                 200 rst=0 c=0 x=1
                 300 rst=0 c=1 x=0
                 400 rst=0 c=0 x=0
                 500 rst=0 c=1 x=1
                 600 rst=0 c=0 x=1
                 700 rst=0 c=1 x=0
                 800 rst=0 c=0 x=0
                 900 rst=0 c=1 x=1
                1000 rst=0 c=0 x=1
L11 "fsm1-test.v": $finish at simulation time 1020
```

図 5.22　図 5.21 の順序回路の論理シミュレーションの結果

このように順序回路を HDL で書くと、状態遷移図や状態遷移表をほぼそのまま書くだけで、順序回路が作れることになります。

この調子で、他の順序回路も書いてみましょう。今度は 4 章の図 4.54 ででてきた、入力 i を持つ順序回路です。これは図 5.23 のようになります。

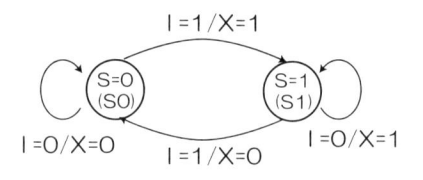

図 4.54　ある順序回路（その 2 ）の状態遷移図

```
module fsm2(c, i, x, rst);
  input   c, i, rst;
  output  x;
  wire    x;
  reg     s;

  always @(posedge rst) begin
    s = 0;
  end

  always @(posedge c) begin
    if (i == 1'b1) s = ~s;
    else s = s;
  end

  assign x = s;
endmodule
```

図 5.23　VerilogHDL で書いた順序回路（その 2）

動作は、さきほどの図 5.21 の順序回路とほとんど同じなのですが、唯一違うのは、入力 i を持っていて、

① i=1 のとき：通常の動作、つまりクロック信号 c の立ち上がり時に、状態変数 s の 0 と 1 が交互に入れ替わる

② i=0 のとき：状態変数 s は変化しない

これを、図 5.23 では、2 つ目の always 文のところで次のように書いています。

```
always @(posedge c) begin
   if (i == 1'b1) s = ~s;
   else s = s;
 end
```

つまり入力iが「1」(1'b1と書いてあるのは1桁の2進数の「1」という意味)のときにはs=~sと、状態変数sの値を反転させています。それ以外(else)のときは、s=sとして、状態変数sの値は変化させないようにしていますから、入力iの値に応じて状態遷移のようすが変わるという、この順序回路の動作をそのまま書いてあることになります。多少C言語などのコンピュータ・プログラミング言語をご存知の方であれば、それとそっくりな書き方ができることに気づかれるかもしれません。

これを論理シミュレーションした結果が図5.24です。正しく動作しているようです。

```
Compiling source file "fsm2-test.v"
Compiling source file "fsm2.v"
Highest level modules:
fsm2-test

                  0 rst=0 c=0 i=0 x=x
                 10 rst=1 c=0 i=0 x=0
                 20 rst=0 c=0 i=0 x=0
                100 rst=0 c=1 i=0 x=0
                200 rst=0 c=0 i=0 x=0
                300 rst=0 c=1 i=0 x=0
                400 rst=0 c=0 i=0 x=0
                500 rst=0 c=1 i=1 x=1
                600 rst=0 c=0 i=1 x=1
                700 rst=0 c=1 i=1 x=0
                800 rst=0 c=0 i=1 x=0
                900 rst=0 c=1 i=1 x=1
               1000 rst=0 c=0 i=1 x=1
L11 "fsm2-test.v": $finish at simulation time 1020
```

図5.24　図5.23の順序回路の論理シミュレーションの結果

最後に、2ビットカウンタを書いてみましょう。4章で考えた、クロッ

ク信号cの立ち上がりごとに出力の(2進数の)値が1ずつ増えていく、という2ビットのカウンタです。これを、4章の図4.58の状態遷移図をそのままVerilogHDLで書いたものが次の図5.25です。

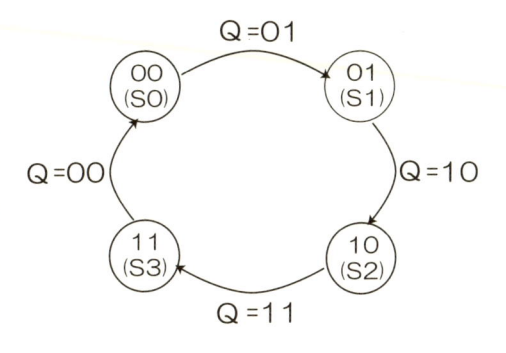

図4.58　2ビットカウンタの状態遷移図

```
module count2(c, rst, q);
  input   c, rst;
  output [1:0] q;
  wire   [1:0] q;
  reg    [1:0] s;

  always @(posedge rst) begin
    s = 0;
  end

  always @(posedge c) begin
    case(s)
      2'b00 : s <= 2'b01;
      2'b01 : s <= 2'b10;
      2'b10 : s <= 2'b11;
      2'b11 : s <= 2'b00;
      default : s <= 2'bxx;
    endcase
  end
  assign q = s;
endmodule
```

図5.25　VerilogHDLで書いた2ビットカウンタ(その1)

この順序回路の動作の本質は2つ目のalways文です。

```
always @(posedge c) begin
  case(s)
    2'b00 : s <= 2'b01;
    2'b01 : s <= 2'b10;
    2'b10 : s <= 2'b11;
    2'b11 : s <= 2'b00;
    default : s <= 2'bxx;
  endcase
end
```

ここではクロック信号cの立ち上がり時に起こるべき遷移を、case文というものを使って場合ごとに書いています。これは場合分けを書くための書き方で、状態変数sの値に応じて、それぞれの動作を箇条書きにしています。例えばs=2'b00のときは、case文の最初のところが該当して、s<=2'b01、つまり次の状態変数sの値を2'b01としています。これは図4.58の2ビットカウンタの状態遷移図そのままです。このようにcase文を使うと、状態遷移図あるいは状態遷移表をほとんどそのまま書くことができます。

実は2ビットカウンタは、もう1つ別の書き方ができます。それは図5.26のような書き方です。

```
module count2(c, rst, q);
  input   c, rst;
  output  [1:0] q;
  wire    [1:0] q;
  reg     [1:0] s;

  always @(posedge rst) begin
    s = 0;
  end

  always @(posedge c) begin
    s = s + 1;
  end
  assign q = s;
endmodule
```

図 5.26　VerilogHDL で書いた 2 ビットカウンタ (その 2)

そもそも2ビットカウンタというのは、クロック信号cの立ち上がりごとに内部変数sや出力qの値が1ずつ増えていく、というものでした。図5.26では、「1ずつ増えていく」ということを次のように「そのまま」記述してあります。

```
always @(posedge c) begin
  s = s + 1;
end
```

この＋というのは、文字通り「足し算」の記号ですから、sは1ずつ増えていくことになります。ちなみにsが4以上になったら？　という心配があるかもしれませんが、最初のところでreg [1:0] s;と、sは2ビットの変数と定義していますので、2ビットで表すことができる3(2'b11)の次は0(2'b00)にちゃんと戻ってくれるので安心です。

これを論理シミュレーションしたのが図5.27です。2ビットカウンタとしてちゃんと動作しているようです。

```
Compiling source file "count2-test.v"
Compiling source file "count2.v"
Highest level modules:
count2-test

               0 rst=0 c=0 q=xx
              10 rst=1 c=0 q=00
              20 rst=0 c=0 q=00
             100 rst=0 c=1 q=01
             200 rst=0 c=0 q=01
             300 rst=0 c=1 q=10
             400 rst=0 c=0 q=10
             500 rst=0 c=1 q=11
             600 rst=0 c=0 q=11
             700 rst=0 c=1 q=00
             800 rst=0 c=0 q=00
             900 rst=0 c=1 q=01
            1000 rst=0 c=0 q=01
L11 "count2-test.v": $finish at simulation time 1020
```

図 5.27　2ビットカウンタの論理シミュレーションの結果

このように、動作や状態遷移図・状態遷移表をほとんどそのまま書くことができるという所が HDL で順序回路を記述する際の最大の利点になります。慣れると、回路図よりも英語っぽくて直感的に理解しやすいのではないでしょうか。

　なお、ここで紹介した VerilogHDL のファイルは巻末ページで紹介している Web ページから参照できますので、ぜひご利用ください。

5.4　好きに料理できる回路

論理回路の設計の手順を思い出してみましょう。

①作りたい機能を、真理値表やブール式などで表す(順序回路であれば状態遷移図や状態遷移表も使う)
②必要ならばカルノー図などを使って簡略化する
③論理ゲートを使って論理回路を作る
④順序回路であれば、さらにフリップフロップを追加する

　設計した論理回路を実際に作るときには、論理ゲートが入っている IC を買ってきてプリント基板に挿し、導線で配線することになります。この方法は非常にオーソドックスな論理回路の作り方なのですが、もっと複雑

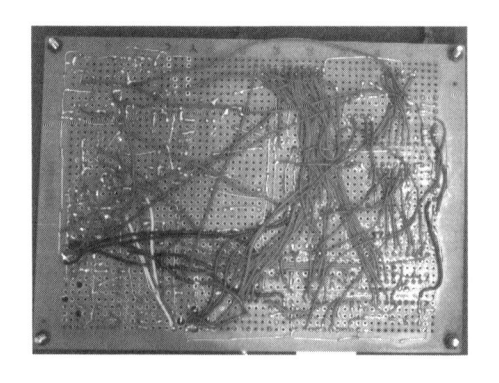

図 5.28　スパゲッティのようなからまった配線

で大規模な論理回路を作ろうすると、この配線がまるでスパゲッティのようにごちゃごちゃになってしまいがちです(図5.28)。こうなってしまうと、あとでトラブルが発生して直そうにも、どこが悪いんだか、どこの線が切れているんだか、探すのはほとんど無理です。ましてや、あとでちょっと仕様を変えたい、なんていわれた日には、やる気が失せてしまいそうです。

そのためにHDLを使ったトップダウン設計があったわけですが、この場合にも、「論理合成」「配置配線」を経てカスタムメイドのICにしてもらう、という過程で次のような問題点が出てきます。

①カスタムメイドICを作るほどの論理回路ではなくても、完成までに数ヶ月の期間を要する
②カスタムメイドICを作ってしまったあとで、仕様を変更しようとすると再び作り直さなければならず、数ヶ月かかってしまう

そこで、「カスタムメイドICを作るほどのことでもない」論理回路のために、便利なものがあります。それは、論理回路の機能をまるでプログラムのように書き込むことができる論理回路のICで、プログラム可能な論理回路であることから**PLD** (Programmable Logic Device)と呼ばれています。つまり、このICは、あとから機能を変えることのできるICなのです。

図 5.29　市販されているPLD

PLDは、図5.29のようなICとして市販されていて、買ってきたばかりの状態では、何の機能を持っていませんが、これに「書き込みたい」論理回路を、HDLなどを使って設計し、その設計結果を専用の書き込み器で「書き込む」ことで、「設計した通りの論理回路」になります。

　PLDには、一度論理回路を書き込んだら二度と書き換えられないタイプと、何度でも書き換えできるタイプの2種類があります。当然後者のほうが融通がきいて便利ですので、最近は後者の書き換え可能なタイプがほとんどのようです。次にPLDの中身の原理を少し見ていくことにしましょう。

PLDのしくみ

　このようなプログラム可能な論理回路であるPLDのうちで、もっとも古くからあるのがPMI社のPAL (Programmable Array Logic;「ぱる」と読む)で、内部は図5.30のようになっています。ポイントは次のような点です。

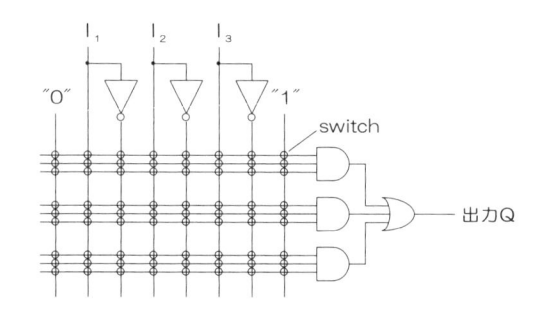

図5.30　PALの内部構造

① 入力(ここでは$I_1 \sim I_3$の3本)が縦方向に走っていて、その否定も、インバータを通して同じように縦に走っている。さらに、値が「1」と「0」という定数の線も縦に走っている
② この縦方向の入力線と直交して、水平にも信号線が走っていて、その先にはANDゲートがある

③その複数(この場合は3個)のANDゲートの出力がORゲートにつながっていて、これが出力になっている。
④直交する配線の交点にはスイッチ(switch)がある。

一番のポイントは、最後の「スイッチ」です。これは、この縦と横の信号線を「接続する(on)」か「接続しない(off)」かを、外から書き込むための素子です。この素子のしくみの詳細には触れませんが、焼き切るタイプのヒューズや、フラッシュメモリのようなEEPROMと呼ばれる電子回路を置く、などの方法があり、このPALではヒューズが使われています。

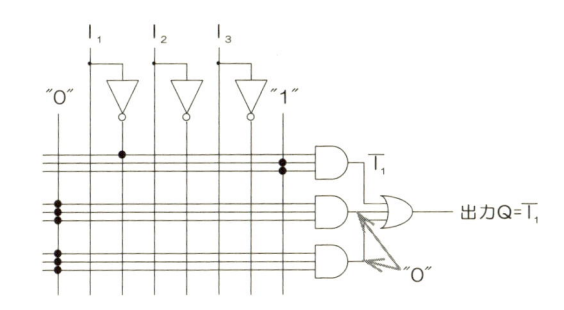

図5.31　PALで作った回路(その1)

さてこのスイッチに、図5.31のようにon・offを書き込んだとしましょう。黒丸のところが「on」で、何もないところはすべて「off」です。

3つあるANDゲートのうち、下の2つは、入力が常に「0」であるため、その出力も常に「0」です。一番上のANDゲートは、唯一、入力$\overline{I_1}$と「on」のスイッチでつながっていますが、それ以外の2つの入力はいずれも「1」につながれています。そのため、このANDゲートの出力xは、次のような論理式になります。

$$x = \overline{I_1} \cdot 1 \cdot 1 = \overline{I_1}$$

これは、入力I_1の否定そのものです。

また、これら3つのANDゲートの出力は、一番右のORゲートにつながっていて、そのうちの2つは常に「0」ですから、これの出力Qは次

のような論理式になるでしょう。

$$Q = x + 0 + 0 = x = \overline{I_1}$$

つまり、最終的な出力 Q は、入力 I_1 の否定、ということになるわけですが、これは結局、図 5.32 のようなインバータを「作った」のと同じです。

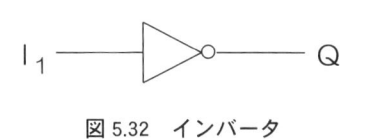

図 5.32　インバータ

この調子で、スイッチを「on」にする場所を変えることでいろいろな論理回路を作ることができます。例えば図 5.33 のように書き込めば、下の式のような 3 入力の AND ゲートと同じことになります。

$$Q = I_1 \cdot I_2 \cdot I_3$$

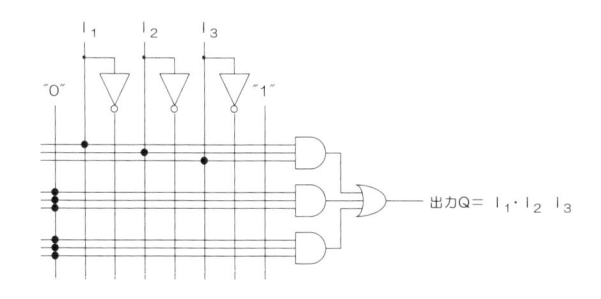

図 5.33　PAL で作った回路 (その 2)

他にも図 5.34 のようにつなぐと、出力 Q は今度は次のような論理式になります。

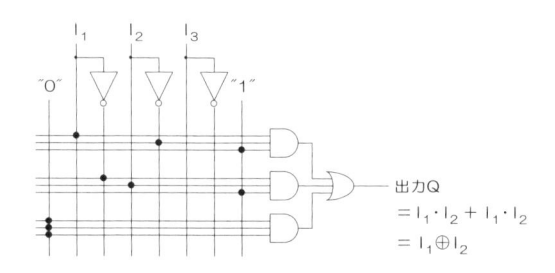

図 5.34　PAL で作った回路 (その 3)

$$Q = I_1 \cdot \overline{I_2} + \overline{I_1} \cdot I_2 = I_1 \oplus I_2$$

つまり排他的論理和 (XOR) ゲートになります。

　一般に PAL を使うと、積和標準形をそのまま書き込むことができるため、一般的な組合せ論理回路の設計には非常に便利です。なお、D フリップフロップが入っていて順序回路が作れるものもあります。

　この PAL、好きな論理回路を作れるので便利なのですが、唯一不便な点といえば、一度書き込むと元に戻したり書き換えたりすることができないところです。これは、パソコン用の書き込み型 CD-ROM である CD-R のようなもので、ある意味「使い捨て」の論理回路であるわけです。

　これはこれで便利なのですが、できるものなら書き換えられる、つまり CD-RW のような PLD があったらなあ、と思うのが人情というものでしょう。

　はじめに述べたように、実際このように書き換えができる PLD もあって、例えば Lattice というメーカの製品で GAL (Generic Array Logic、「ぎゃる」と読む) というものがあります。これは図 5.35 にあるような形をしています。見かけ上は普通の IC なのですが、中は PAL に似た構造をしていて、論理回路の機能を決めるスイッチの部分には、デジタルカメラなどのフラッシュメモリにも使われている「EEPROM」という電子回路が組み込まれています。これによって、「on」か「off」かを電気的に書き込んだり書き換えたりすることができるようになっています。

図 5.35　市販されている GAL の IC

　この GAL を大規模化して、さらに複雑な論理回路も作れるようにしたものを CPLD (Complex PLD) と呼びます。いくつか市販されていますが、いずれも製造メーカが VerilogHDL などを用いた設計のためのプログラムを提供しています。設計する人は、このプログラムを使って「トップダウン設計」や回路図の設計を行い、望みの論理回路を作ることになります。

図 5.36　市販されている CPLD

　この CPLD は、いずれも EEPROM をスイッチに使っていて書き換えができるものがほとんどのようです。

FPGA という考えかた

　このように CPLD というのは、特に大規模な論理回路の設計と利用にとても便利なものであるわけですが、この CPLD よりもさらに大規模な論理回路を書き込めるように内部の構成を変えたものを FPGA (Field Programmable Gate Array) と呼びます。これもいろいろな製品が出ています。ちなみに IC の回路の内部構成のことを**アーキテクチャ** (architecture) と呼びますが、これはもともとは建物の構造を表す言葉です。IC の中の回路の接続や配置のことを特に「回路のアーキテクチャ」といいますが、これの上手・下手が、最終的な回路の良し悪しや性能にかかわってきますので、もしあなたが回路設計の専門家を志すのなら、ぜひ「絵心」を大切にしてください。

　話がちょっとそれました。FPGA の field programmable というのは、もともとは論理回路が出荷されて製品として使われている現場 (field) で、機能を書き換えることができる (programmable) IC という意味です。そして、このタイプの IC で作られる論理回路は、ゲートアレイ (Gate Array) と呼ばれる、論理ゲートやフリップフロップの塊ですので、field で programmable な gate array というわけです。

　CPLD と FPGA は共に、かなり複雑で大規模な論理回路をあとから書き込むことができる IC なのですが、次のような使い分けをするようです。

第 5 章◎言語を使った設計

CPLD：FPGA よりも小規模なもの。スイッチ部分が EEPROM になっていて、電源を OFF にしてもここに書き込んだ内容は消えない。
　　FPGA：CPLD よりも大規模なもの。スイッチ部分はパソコンのメモリのように電源を OFF にすると消えてしまうため、電源を ON にするたびに外付けの EEPROM などから読み込む必要がある。

　つまりこの両者の区別はけっこう曖昧なのですが、比較的小規模なものを CPLD、比較的大規模なものを FPGA と呼ぶことが多いようです。
　CPLD の内容が電源を OFF にしても消えないのに対して、FPGA は、スイッチのところに電源を OFF にすると内容が消えてしまう SRAM という電子回路を使っているものがほとんどです。そのため、この SRAM に入っている論理回路の設計情報を外付けの別の EEPROM に書き込んでつないでおき、電源を ON にするたびに FPGA に自動的にこれを読み込ませて設計通りの論理回路として働かせる、というものが多いようです。
　最近はパソコンのマザーボードや拡張ボードの上にもこの FPGA が載っているのをよく見かけます。これは「製品としてのパソコン」を開発するとき、仕様の変更や機能のバージョンアップがしょっちゅう必要になるため、毎回カスタムメイド IC を作っていては間に合わないので、適宜機能を書き換えることができる FPGA を使っているわけです。

FPGA で遊んでみよう

　この FPGA、本当に論理回路を作ることができるため、ちょっとした実験にはとても便利です。しかもほとんどのものは、VerilogHDL のような HDL か論理回路の回路図をそのまま入力すれば OK なのです。ここでは例として (有)ヒューマンデータというメーカから販売されている、FPGA を使ったキットを紹介しておきましょう。
　→ http://www.hdl.co.jp/
　キットは、使える FPGA の種類によっていろいろありますが、例えば Altera 社の FLEX10K10 という FPGA を使った CSP-004 というキット

図 5.37　ヒューマンデータの
　　　　FPGA ボード CSP-004

(図 5.37) を紹介しておきます。これは定価で 32,000 円しますので、ちょいとお手軽に、というわけにはいかないかもしれませんが、興味のある方は、ぜひ遊んでみてください。このボードには、LED が 8 個にスイッチが 4 個、それに数字が表示できる「7 セグメントLED」が 3 個ついていて、これらを入出力とする論理回路をパソコンで設計して、それをこれに直接書き込んで動作させることができます。もちろん FPGA ですから、回路の作り直しは何回でもできます。例としてストップウォッチを作った例が紹介されているようです。興味を持たれた方は、HDL を使う良い機会でもありますので、ぜひ遊んでみてください。

なんでもQアンドA

Q　先生も HDL を使って設計されているのですか？

秋田　実はあまり使っていません。というのも、私が主に設計するのは、ディジタルな信号を扱う論理回路ではなくアナログな信号を扱うアナログ回路であるためです。そのため、ふだんはトランジスタを 1 個 1 個並べていく、ボトムアップ設計をしています。でも全体の制御回路などでは論理回路を使うことも多いので、そういうときには、規模が大きいときには HDL を併用することもあります。

Q　デコーダ程度ならば、目的の状態遷移図も簡単だと思うのですが、複雑な論理をさせようとすると状態遷移図自体、書くのが大変そうです。実際のところどうでなのしょうか？

秋田 「がんばる」しかないですね。パソコンのマイクロプロセッサのように大規模なものになると、とても一人では設計できません。多くの人で分担して数ヶ月かけて HDL を書いていく、そういうものです。

Q カスタムメイドしてもらうのには，実際いくらくらいかかりますか？
秋田 本文中で紹介した VDEC を使うと、一番小さいチップで 6 万円 (10個程度) ぐらいからあります。メーカにまともにカスタム IC の試作を頼むと、ゼロがもう 2 つくらい多い額になるのではないでしょうか。論理回路にしぼれば、FPGA や CPLD であればもっと安く済みます。

Q MOS って何の略ですか？ 簡単なしくみを教えてください。
秋田 MOS トランジスタは、シリコン (silicon) の基板の上に、薄い酸化膜 (oxide) をつけ、その上に金属 (metal) の電極がある、という構造をしています。上から材質の頭文字をとると M-O-S なので、MOS トランジスタと呼びます (最近は一番上は金属ではなくシリコンを使うことが多いのですが習慣で MOS トランジスタと呼びます)。基本的には、一番上の電極に加える電圧によって ON/OFF を制御できるスイッチだと思ってください。この動作は、第 2 章で紹介した「リレー」と似ています。

PLD と CPU の境界線

　コンピュータというのは、プログラムを実行していろいろな計算や処理を行うものです。このコンピュータを特徴づけるもので欠かせないのは、「プログラムができる」ということです。つまり、どのような処理を行うかをプログラムという手順書に書いておけば、その通りに実行し、その手順書であるプログラムを変えれば、全く違う計算や処理をしてくれるわけです。このことは「処理の汎用性」という言葉で表現できます。

　一方、この章の最後に紹介した、論理機能を書き込むことができる、CPLD や FPGA といった「プログラム可能な論理素子 (PLD)」は、真理値表や状態遷移表といった形で、どのような論理式になるかを「プログラム」できるものでした。いわば、「論理機能をプログラム」できる、「論理機能の汎用性を持つ」素子である、ということができます。

　コンピュータは「処理をプログラム可能」、PLD は「論理機能をプログラム可能」。

　ではこの両者は、いったいどこが違うのでしょうか。実はコンピュータと PLD という両者の境界線は、かなり曖昧になってきています。例えば「a+b を求めて c に代入する」という処理を行うためには、どのような「プログラム」を書けばよいのでしょうか。

　コンピュータの場合は、すでに加算器や a, b, c という変数の値を代入しておくメモリがあり、次のような手順を「プログラム」として (例えば C 言語で) 書くわけです。

①変数 a をとってきて、加算器の入力の一方に入れる
②変数 b をとってきて、加算器の入力のもう一方に入れる
③加算器の出力を、変数 c に代入する

一方、PLDを使ってこの処理を行うためには、次のような「プログラム」を(例えばVerilogHDLで)書くわけです。

① 変数 a, b, c を保存しておくメモリを作る
② 加算器を作る
③ 変数 a, b を加算器の入力につなぎ、加算器の出力を変数 c につなぐ

　つまりコンピュータの「プログラム」では、すでにある加算器や変数のメモリをどのような順番でどのように使うかを書くのに対して、PLDの「プログラム」では、加算器やメモリをどのように作り、どのように接続するかを「プログラム」するわけです。コンピュータのプログラムが「手順書」、PLDのプログラムは「仕様書」といったところです。

　ところがPLDを使うと、一度作った加算器やメモリを、自分自身で再度プログラムし直して、別の演算器やメモリとその接続を作り直すことができます。つまり自分自身を書き換えることができるわけで、PLDを使うと「手順書のコンピュータ・プログラムに沿って、都合のいいように演算器やメモリを用意して、それを手順通りに動かす」という、なんだかお化けのようなこともできるわけです。

　このように、コンピュータとPLDの境界線は、曖昧になってきているのですが、同じプログラムするにしても、汎用性重視のときは「コンピュータ＋手順書」を、演算速度などの性能重視のときは「PLD＋仕様書」というように使い分けられるのが一般的のようです。

第6章
コンピュータを作ってみよう！

　この本も最後の章になりました。これまで、ブール代数から始まって、論理回路設計の理論や順序回路の設計方法、およびそれらを使って実際にICで電子回路を組んで遊んでみたりしました。

　最後のこの章では、論理回路が使われているもっとも身近な電子機器の1つであろうと思われる「コンピュータ」を取り上げたいと思います。

　とはいってもコンピュータをゼロから論理回路で作るのは相当大変で、それだけで一冊の本になってしまいそうです。

　ですので、この章では、コンピュータを構成するいくつかの要素を論理回路で作り、論理回路にかなり近いレベルの小さなコンピュータを使ってみることにしましょう。

6.1　足し算をする回路

まずは足し算をする回路を作ろう

　コンピュータのもっとも基本的で大切な機能である「計算」を考えてみます。

　そもそも**コンピュータ** (computer) というのは計算機のことであり、計算は最終的には「足し算」の組合せにたどり着くということを第1章で述べました。そこでまずは、「足し算」をする論理回路を考えてみましょう。実は組合せ論理回路の章の最後で軽くやっているのですが、復習がてらに

これを作ってみて、さらにもう少し詳しく考えていくことにします。

はじめに第3章で考えた、2つの1桁の2進数の足し算を行う半加算器 (half adder; HA) の回路です。念のためもう一度真理値表を書いておくと図6.1のようになるのでした。ここで a, b が足し算をする元の数 (入力) で、c と s がその結果 (出力) です。

a	b	c	s	
0	0	0	0	(0+0=00：10進数で0)
0	1	0	1	(0+1=01：10進数で1)
1	0	0	1	(1+0=01：10進数で1)
1	1	1	0	(1+1=10：10進数で2)

図6.1 半加算器の真理値表

この2つの出力のうち、s が足し算の結果 (sum) そのもので下位の桁、c が桁上がり (carry) で上位の桁を表すのでした。参考までにVerilogHDLで書くと図6.2のようになります。

```
module half_adder(a, b, c, s);
   input   a, b;
   output  c, s;
   assign {c, s} = a + b;
endmodule
```

図6.2 VerilogHDLで書いた半加算器

{c, s} と書くことで、自動的に c が上位、s が下位の2桁の2進数としてまとめられます。そしてその値が、入力の「足し算」(a+b)、というわけです。そのまんま、という感じですね。

この真理値表から、c, s はそれぞれ次の式のようになります。

$$s = \bar{a} \cdot b + a \cdot \bar{b} = a X + b$$
$$c = a \cdot b$$

この論理式から、図6.3の左図のような組合せ論理回路を合成し、これ

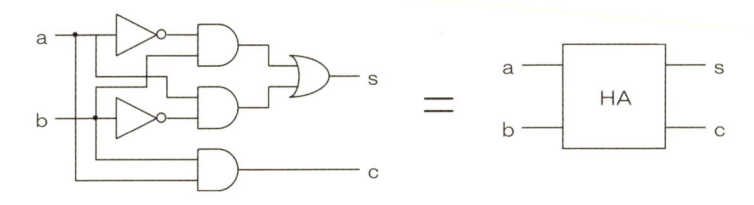

図 6.3 　半加算器の論理回路とシンボル図

をまとめて図 6.3 右のような四角で入出力のみを持つ記号で書いておくのでした。

ところで、この半加算器、どうして「半」なのでしょうか。それは、このままでは加算器として不十分であるためです。

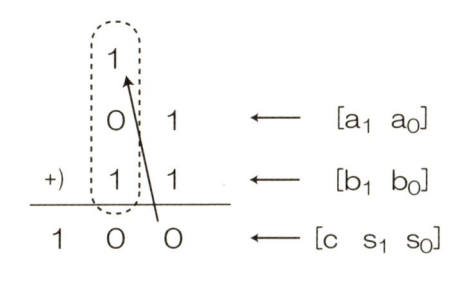

図 6.4　2 桁の 2 進数の足し算

そのことを知るため、1 桁だけでなく、2 桁の 2 進数同士の足し算を、図 6.4 のように筆算で考えてみましょう。まず、下の桁は、下の桁同士の a_0, b_0 の和を求めればよいので、これは半加算器で大丈夫です。しかし上の桁 (2 桁目) の足し算では、a_1, b_1 を足すだけでなく、下の桁からの桁上がりも足す必要があります。これは私たちが足し算を筆算で行うときと全く同じです。つまり一番下の桁以外は、足し算する 2 つの数と下の桁からの桁上がりという、3 つの数を足し算する必要があります。このような 3 つの数の足し算をする回路を**全加算器** (full adder ; FA) と呼び、図 6.5 のような入力 3 本と出力 2 本の記号で書きます。入力は、足す数 a,

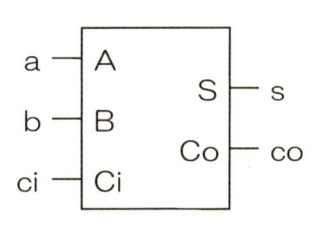

図 6.5　全加算器の記号

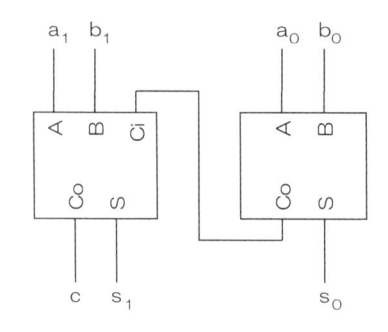

図 6.6 2 桁の 2 進数の足し算を行う論理回路

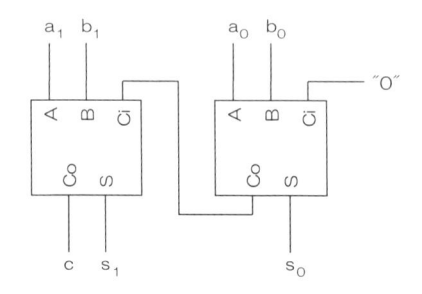

図 6.7 全加算器のみを使った 2 桁の2 進数の足し算を行う論理回路

a	b	c_i	c_o	s
0	0	0	0	0
0	1	0	0	1
1	0	0	0	1
1	1	0	1	0
0	0	1	0	1
0	1	1	1	0
1	0	1	1	0
1	1	1	1	1

図 6.8 1 ビットの全加算器の真理値表

b と、下の桁からの桁上がりである c_i、出力は足し算の結果 s と、次の桁への桁上がりである c_o です。

この全加算器を使うと、2 桁の2 進数の足し算は図 6.6 のように全加算器と半加算器を 1 個ずつなげば完成するはずです。下の桁は半加算器で求めて、その桁上がりを上の桁へつなげて、上の桁は全加算器で求める、という、筆算でやっている足し算の方法をそのまま回路にしたような感じです。ちなみに全加算器で常に $c_i=0$ とすると、半加算器と全く同じことになりますから、全加算器を 2 個使って図 6.7 のようにしても構いません。

では、全加算器を作ってみることにしましょう。とはいってもここから先は、いままで何度もやってきた組合せ論理回路の設計方法となんら変わるところはありません。3 つの数の足し算ですから、全加算器の真理値表は図 6.8 のようになります。出力の c_o と s で 2 桁の 2 進数になっていることに注意しておいてください。これから積和標準形の論理式を作ると次のような感じになります。

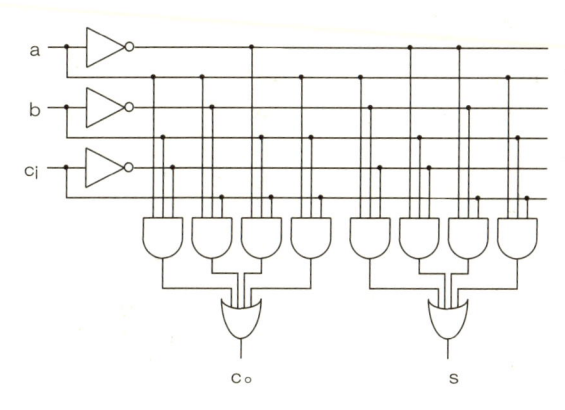

図 6.9　全加算器の論理回路図（その１）

$$c_o = a \cdot b \cdot \bar{c_i} + a \cdot \bar{b} \cdot c_i + \bar{a} \cdot b \cdot c_i + a \cdot b \cdot c_i$$
$$s = a \cdot \bar{b} \cdot \bar{c_i} + \bar{a} \cdot b \cdot \bar{c_i} + \bar{a} \cdot \bar{b} \cdot c_i + a \cdot b \cdot c_i$$
$$= aX + bX + \bar{}c_i$$

いままで何度もやってきた作り方ですね。この論理式から全加算器を作ると図 6.9 のようになります。

全加算器をどんどんつないでいけば、何桁でも足し算をする回路、つまり加算器を作ることができます。例えば4桁の2進数の足し算をしたければ、図 6.10 のように4つの全加算器をつなげば完成です。一番上位の桁の全加算器の桁上がり出力 (c_o) が、この4桁の加算器全体の桁上がり出力、つまり加算結果の最上位の数 s_4 ということになります。

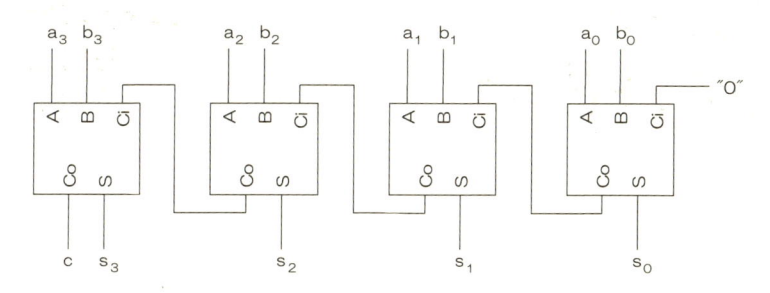

図 6.10　4 桁の加算器

もちろん、それぞれの全加算器は論理ゲートからなる図6.9のような回路ですから、だいぶ複雑になりますが、その気になれば図6.10の4桁の加算器も、論理ゲートだけで書くこともできます。

いかがでしょう？「加算器」と「論理ゲート」がつながったでしょうか？

全加算器を深める

さきほどは、全加算器の真理値表を書き、そこから積和標準形にして組合せ論理回路を作りました。これで終わりかというとそうでありません。

全加算器はすべての演算の基本ですから、多くの人が研究しており、これだけで1冊の本が書けるぐらい奥が深いものです。この本で全加算器を「極める」のは無理としても、もう少しだけ深めておくことにしましょう。

まず、全加算器の論理式そのものから考え直してみましょう。念のため桁上がり出力であるc_oのカルノー図を書いてみると図6.11のようになります。図の1のところをくくると、桁上がり出力c_oの論理式が次のように簡略化できるでしょう。

図6.11 全加算器の桁上がり出力c_oのカルノー図

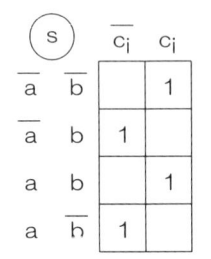

図6.12 全加算器の和出力sのカルノー図

$$c_o = a \cdot b + b \cdot c_i + c_i \cdot a$$

同じように和出力sのカルノー図は図6.12のようになります。これは「1」の位置がばらばらで、なかなか手ごわいですね。ところが実はこの和出力sは次の論理式で書くことができます。

$$s = a \cdot b \cdot c_i + \bar{c_o} \cdot (a + b + c_i)$$

へ？なんで？ という気もしますが、この図の中の$s=1$となるところをよく見ると、次の2通りに分けて考えることができます。ちょっとパズルのようなので、頭をやわらかくして考えてみてください。

① $c_o = 0$、桁上がりが発生しない場合：

入力の a, b, c_i のうちで「1」であるものが 2 個以上あったら、桁上がりが発生して $c_o = 1$ となるため、a, b, c_i のうちで「1」であるものは 0 個か 1 個だけ。そしてそのうち $s = 1$ となるのは、「1」が 1 個の場合だけ。つまり「$c_o = 0$ かつ $a = 1 + b = 1 + c_i = 1$」を論理式で書いて、$\overline{c_o} \cdot (a + b + c_i)$

② $c_o = 1$、桁上がりが発生する場合：

入力の a, b, c_i のうちで「1」であるものが 2 個以上あるわけですが、$s = 1$ となるのは 3 個とも「1」、つまり $a = b = c_i = 1$ の場合しかありません。これを論理式で書いて $a \cdot b \cdot c_i$

結局、和出力 s が 1 となるのはこの 2 つのどちらかですから、これらの論理和をとって前ページのような論理式になるわけです。そんなの思いつくわけないじゃん、というのは言わない約束。頭のいい人が思いついたうまい方法ですから、ありがたくこの論理式を使わせていただいて全加算器の論理回路を作ると、図 6.13 のようになります。

この調子で考えていくといろいろな全加算器が作れそうですが、それをするときりがありませんのでここではしません。

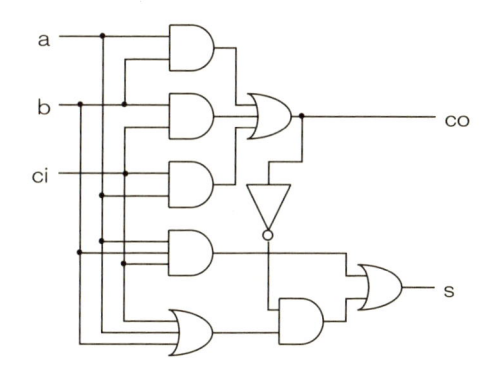

図 6.13　うまい方法を用いた全加算回路

一方、論理ゲートを構成する MOS トランジスタのレベルで考えると、細かいことはここでは触れませんが、例えば図 6.14 のような回路を作っても、やはり全加算器として働きます (興味のある人は、拙著「ゼロから

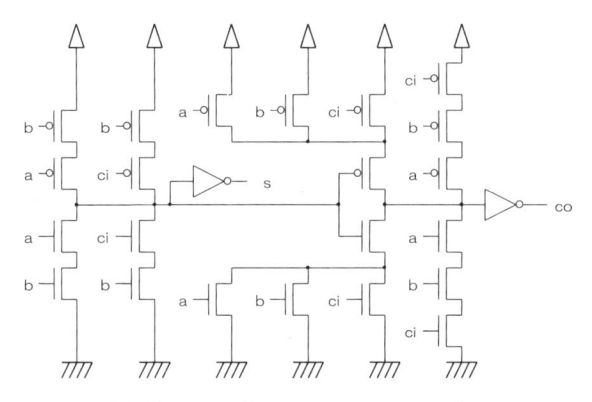

図 6.14　全加算器の回路 (MOS トランジスタ版)
(武石喜幸・原央監修「MOS 集積回路の基礎」(近代科学社) より)

学ぶ電子回路」を参照)。図 6.14 の回路は、論理ゲートに換算すると 2 入力 NAND ゲートが 6 個相当の論理回路になりますので、実質上、図 6.13 の回路よりも、さらに論理ゲートの数が少ないことになります。

　さらに調子に乗ると図 6.15 のような回路を作っても、やはり全加算器になることが導かれます。

　このあたりの回路は、「ふーん」ぐらいに見ておいていただければ構いません。全加算器 1 つとっても、「真理値表から積和標準形」というオーソドックスな作り方以外にいろいろな作り方があるわけです。

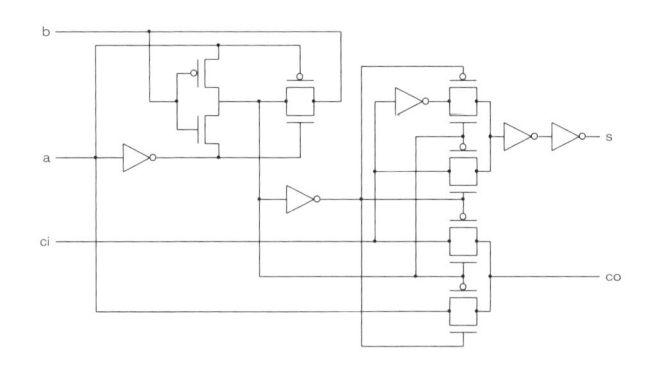

図 6.15　全加算器の回路 (MOS トランジスタ版：その 2)
(武石喜幸・原央監修「MOS 集積回路の基礎」(近代科学社) より)

加算器の速度を知ろう

コンピュータに触ったことのある人なら必ず気になる「加算器の速度」について考えてみましょう。つまり「どれぐらい早く加算の結果を求められるか」、「加算にどれぐらい時間がかかるか」ということです。

まず図 6.16 のように全加算器をつなげた、4 桁の 2 進数の加算器を考えてみましょう。この回路では、はじめに一番下の桁、次にそこからの桁

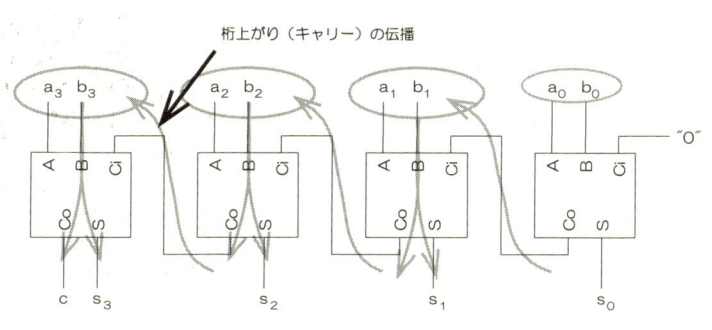

図 6.16　桁上がり（キャリー）の伝播

上がりを使ってその上の桁、次はさらにその上の桁……という順番で各桁の加算が行われます。また、全体の加算が終わるまでには、**桁上がり (キャリー ; carry) の伝播**という現象が起こります。

極端な場合を考えましょう。

「1111 + 0001」という足し算を考えてみます。この場合、図 6.17 のように、まず一番下の桁の加算を行うと桁上がりが発生し、その桁上がり

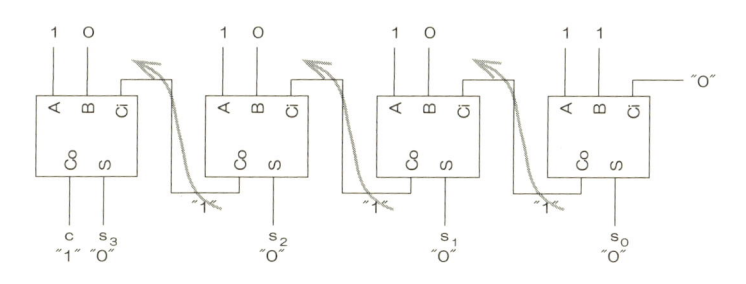

図 6.17　1111+0001=10000 のようす

を使ってその次の桁を求めると、再び桁上がりが発生し、というようにどんどん桁上がり(キャリー)が上位の桁へと伝わっていきます。結局、最上位の桁の加算が終わって最後の桁上がりが発生するまでに、1桁分の加算でキャリーが発生する時間 t_1 の4倍もかかっています。一般に、このタイプの加算器で n 桁の加算を行おうとすると、最も時間がかかる場合(worst case; ワーストケース)で $n \cdot t_1$、つまり桁数に比例した時間がかかってしまう可能性があります。これが、いわば加算の「計算時間」であるわけですが、特に最近の高速なコンピュータでは、この加算の計算時間はばかになりません。

このように、キャリーが下の桁から上の桁へとどんどん伝わっていくタイプの加算器を**キャリー伝播加算器** (Carry Ripple Adder ; CRA) と呼びますが、高速な加算を行う必要がある場合は、このキャリーの伝播時間は致命的です。それではどうすればよいのでしょうか？

加算器のスピードアップ

キャリー伝播加算器 (CRA) で計算時間を制限している要因(律速要因)は、下の桁から上の桁へのキャリーの伝播です。上のほうの桁ほど、その下の桁からキャリーがあるかどうか確定するまでに時間を要するため、一

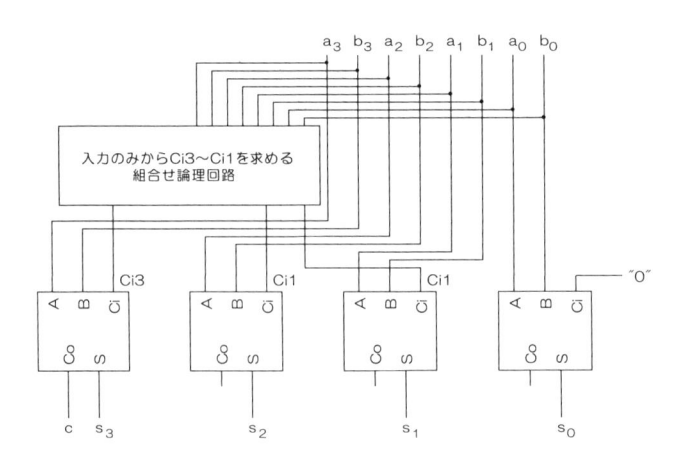

図6.18 桁上がり(キャリー)を先に求めてしまうアイディア

番上の桁の加算が終わるまでに、桁数に比例した時間がかかってしまうのでした。

そこで、加算器の速度をあげる、つまり加算にかかる時間を減らすための工夫を考えてみましょう。それは、図 6.18 のように、上のほうの桁へのキャリーだけ、すぐ下の桁の結果を待たずに先に求めてしまおう、という方法です。

では、上のほうの桁のキャリーだけを先に求めるのにはどうすればよいのでしょうか。ここから先、少々ややこしくなりますので、じっくり読んでいって下さい。見やすくするため、ここからキャリーを大文字の C で表します。

全加算器で 1 桁の 2 進数の加算 $a + b$ を行うとき、その上の桁にキャリーが伝わる、つまり $Co = 1$ となるのは、加算した結果が 2 以上の場合ですから、図 6.19 の Co の真理値表を見ながら考えると、次のいずれかの場合であることがわかります。

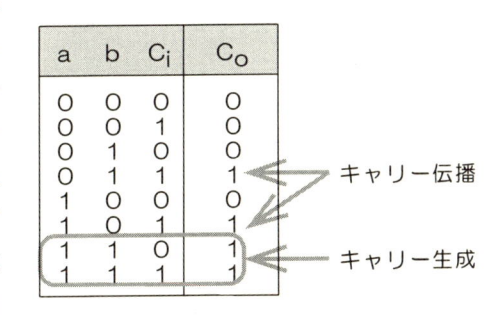

a	b	C_i	C_o
0	0	0	0
0	0	1	0
0	1	0	0
0	1	1	1	← キャリー伝播
1	0	0	0
1	0	1	1	← キャリー伝播
1	1	0	1	← キャリー生成
1	1	1	1	← キャリー生成

図 6.19　1 桁分の全加算器の桁上がり Co の真理値表

① $a = b = 1$ のとき

　このときは、Ci が 0 でも 1 でも無条件で桁上がりが発生し、$Co = 1$ となります (これを**キャリー生成**と呼びます)

② $a = 1$ または $b = 1$ のとき

　このときは、a, b だけからはキャリーが発生することは確定できず、下の桁からのキャリー Ci があるときに限って、上の桁へのキャリーが発生し、$Co = 1$ となります (これを**キャリー伝播**と呼びます)

この 2 つのそれぞれを分けて考えて、キャリー生成 (generation) が起こる条件を Cg、キャリー伝播 (propagation) が起こる条件を Cp、上の桁

へのキャリーを Co とすると、論理式は次のように書けます。

$Cg = a \cdot b$

$Cp = a + b = a \oplus b$

$Co = Cg + Cp \cdot Ci$

一番下の Co の論理式は、上の桁へのキャリーが発生するのは、その桁でキャリー生成がある場合 ($Cg = 1$) か、その桁でキャリー伝播の可能性があって ($Cp = 1$)、かつ下の桁からのキャリーがある場合 ($Ci = 1$) のいずれか、ということを意味しています。

なお、$a = b = 1$ のときは、キャリー生成が起こるので $Cg = 1$ となり、無条件で $Co = 1$ となりますから、Cp は $Cp = a \oplus b$ と書いてもかまいません。というのも、論理和 ($+$) と排他的論理和 ($\oplus$) の違いは、$a = b = 1$ のときだけで、このとき $a + b = 1, a \oplus b = 0$ となりますが、この場合は、どうせ $Cg = 1$ でキャリー出力 $Co = 1$ となりますから、キャリー伝播項 Cp が 1 でも 0 でも、キャリー出力 Co には関係がありません。

それでは、3 桁の加算を行うために、図 6.20 のように 3 個の全加算器を並べてみましょう。これがキャリー伝播加算器と異なるのは、上位の桁の桁上がり入力 (Ci) に、下位の桁からのキャリー出力を点線のようにつなぐのではなく、図 6.18 のように別途組合せ論理回路で作るという点です。3 個の全加算器それぞれのキャリー出力 $Co_0 \sim Co_2$ を求めると次の

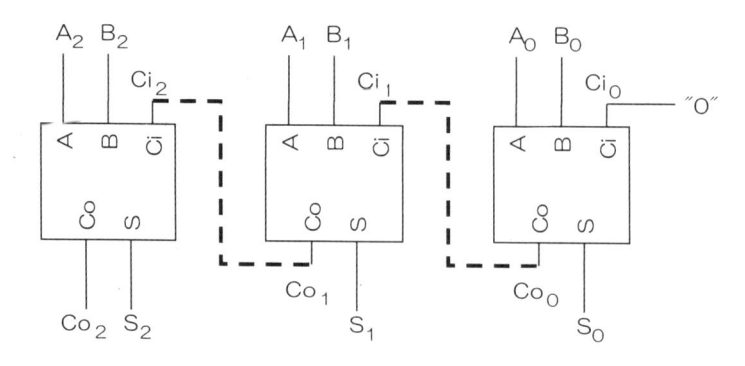

図 6.20　3 桁分のキャリー先見加算器

ようになるでしょう。

$$Co_0 = Cg_0 + Cp_0 \cdot Ci_0 = a_0 \cdot b_0$$
$$Co_1 = Cg_1 + Cp_1 \cdot Ci_1 = Cg_1 + Cp_1 \cdot Co_0 = Cg_1 + Cp_1 \cdot a_0 \cdot b_0$$
$$Co_2 = Cg_2 + Cp_2 \cdot Ci_2 = Cg_2 + Cp_2 \cdot Co_1$$
$$= Cg_2 + Cp_2 \cdot (Cg_1 + Cp_1 \cdot a_0 \cdot b_0)$$

0桁目のキャリー出力は1桁目のキャリー入力につながってますので、$Co_0 = Ci_1$という関係を満たします。同様に$Co_1 = Ci_2$という関係式を使っています。なお、Cg_kはk桁目のキャリー生成項ですから$Cg_k = a_k \cdot b_k$、Cp_kはk桁目のキャリー伝播項ですから$Cp_k = a_k \oplus b_k$です。また、各桁の加算結果s_kは、全加算器そのものですから次のようになります。

$$s_k = a_k \oplus b_k \oplus Ci_k = Cp_k \oplus Ci_k = Cp_k \oplus Co_{k-1}$$

ここで$Cp_k = a_k \oplus b_k$というキャリー伝播項の式と、下位桁からのキャリーの接続である$Ci_k = Co_{k-1}$という関係式を使いました。

いかがでしょう？ だいぶややこしい式になりましたが、ポイントは、各桁のキャリー出力$Co_0 \sim Co_2$と各桁の加算結果$s_0 \sim s_2$が、各桁の値である$a_0 \sim a_2$と$b_0 \sim b_2$だけから求められるという点です。具体的にすべてを代入すると次のようになります。

$$Co_0 = a_0 \cdot b_0$$
$$Co_1 = (a_1 \cdot b_1) + (a_1 \oplus b_1) \cdot (a_0 \cdot b_0)$$
$$Co_2 = (a_2 \cdot b_2) + (a_2 \oplus b_2) \cdot \{ (a_1 \cdot b_1) + (a_1 \oplus b_1) \cdot (a_0 \cdot b_0) \}$$

かなり複雑な式になりますが、各桁のキャリー出力が、入力である$a_0 \sim a_2$と$b_0 \sim b_2$だけで求められていることがわかりますね。キャリー伝播加算器（CRA）で全体の加算器の速度を制限していた、下の桁から上の桁へのキャリーの伝播を待っている必要がないため、高速な加算器を作ることができるわけです。このような加算器を**キャリー先見加算器** (Carry Look-ahead Adder; CLA) と呼びます。

キャリー先見加算器は、たしかに高速なのですが、キャリー生成項Cg

とキャリー伝播項 Cp を作るのための組合せ論理回路が必要です。ここに弱点があり、いまは 3 桁の場合でしたが、桁数が増えるにつれ急激に複雑な論理式になり、組合せ論理回路も急激に大規模になります。8 桁の加算器ぐらいであればまだなんとかなりますが、それ以上の桁数のキャリー先見加算器 (CLA) を作るのは現実的に不可能です。そのため、キャリー伝播加算器 (CRA) とキャリー生成加算器 (CLA) を組み合わせて桁数の多い加算器を作るといった方法が使われます。

6.2 万能演算回路

ここまでずっと加算だけを考えてきましたが、ちょっと趣向を変えて、加算以外の「論理演算」を行う論理回路を考えてみます。「論理演算」というのは、論理積や論理和、否定などのことです。ちなみに演算を行う論理回路を一般に「ALU」(Arithmetic and Logic Unit; あるー、と読むらしい) と呼びますが、どんな論理回路になるんでしょうね。

思い出してみると、論理積と論理和の真理値表は、図 6.21 のような感じになりました。この 2 つをまとめて、図 6.22 のような真理値表を作りましょう。これは、a と b 以外に f という入力があって、$f = 0$ のときは、出力 x は a と b の論理積 $a \cdot b$ となり、逆に $f = 1$ のときは、出力 x は a と b の論理和 $a + b$ となる、ということを表しています。いわば出力 x が、機能 (function) を決める入力 f の値に応じて論理積または論理和になる、

		論理積	論理和
a	b	a·b	a+b
0	0	0	0
0	1	0	1
1	0	0	1
1	1	1	1

a	b	f	x	
0	0	0	0	
0	1	0	0	: 論理積
1	0	0	0	$x = a \cdot b$
1	1	0	1	
0	0	1	0	
0	1	1	1	: 論理和
1	0	1	1	$x = a + b$
1	1	1	1	

図 6.21 論理積と論理和の真理値表   図 6.22 論理積と論理和をまとめた真理値表

という多機能演算回路というわけです。これを作るのは、実はそれほど難しいことはありません。というのも素直に図6.21の真理値表を入力がa, b, fの3本、出力がxという組合せ論理回路と考えれば、いままで何度もやってきたのと同じ方法で論理式を作ることができます。正攻法の積和標準形でいくと、次のような論理式になります。

$$x = a \cdot b \cdot \bar{f} + a \cdot \bar{b} \cdot f + \bar{a} \cdot b \cdot f + a \cdot b \cdot f$$

ちょっと頭を使うと、次のように書くこともできるでしょう。

$$x = \bar{f} \cdot (a \cdot b) + f \cdot (a + b)$$

つまり、$f=0$のときは論理積$a \cdot b$、$f=1$のときは論理和$a+b$なのですから、$f=0$のときは$a \cdot b$の項が生きるように、$f=1$のときは$a+b$の項が生きるように、2つを並べて書いたわけです。

なお、このようなALUは、図6.23のように、短パンに似た図で書くことが多いようです。短パンの足が入るところが入力、腰のところが出力、です。機能選択のfは、腰ヒモでしょうか。

また、入力のaやbが2ビット以上の場合でも、論理積や論理和といった論理演算は、図6.24のように各桁ごとに演算をするだけですから、多ビットのALUを作るときも、各桁ごとに1ビットの論理演算をするだけです。

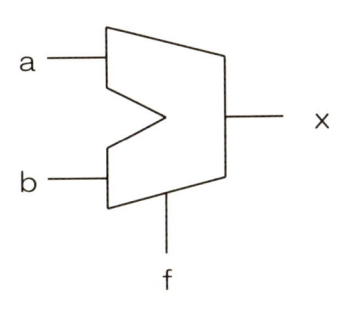

図6.23 ALUのシンボル図

```
   論理積              論理和
   1100               1100
·)  1010           +)  1010
   ────               ────
   1000               1110
```

図6.24 多ビットの場合の論理演算

6.3 プログラムの実行

コンピュータは「計算をする機械」ですが、やみくもにその計算を行うのではありません。通常、あらかじめ決めた通りの手順に沿って計算などの**処理** (processing) を行います。この処理を行う手順のことを**プログラム** (program) と呼びます。

プログラムは、図 6.25 のように、次にどういうことをするか、という作業内容を行うべき順番に書き並べたものということができますが、何度か述べているように、コンピュータも、複雑で大規模ではありますが、論理回路には違いがありません。では、コンピュータの本質である「プログラムを実行する」ということを、論理回路ではどのように行っているのでしょうか。

図 6.25　プログラム = 手順書

プログラムの実行をする仕組み

コンピュータが実行するプログラムは、通常はプログラムを格納しておく場所、つまり記憶装置 (**メモリ**; memory) に入れておきます。そしてプログラム実行の際に、メモリから順番にプログラムの各処理を持ってきて、実行するわけです。「プログラムの実行」という動作は、基本的には次のようなステップの繰り返しになります。

①メモリから実行する 1 つの命令を持ってくる (フェッチ; fetch)
②その持ってきた命令の意味を解釈する (デコード; decode)

③その命令を実行する。つまり演算などを行う (実行 ; execution)

なお、①では図 6.26 のように、メモリの中で命令が入っている「場所」を特定し、希望する命令を持ってくる必要があります。この、メモリの中の場所を特定するための数値のことを**アドレス** (address) と呼びます。アドレスというのは、日本語で言うと「住所」のことですが、メモリという広い場所の中で、その命令が入っている場所を「住所」で指定する、というわけです。

```
0番地    →   命令1
1番地    →   命令2
2番地    →   ？？？
           :
827番地  →   ？？？
           :
アドレス
(address)
```

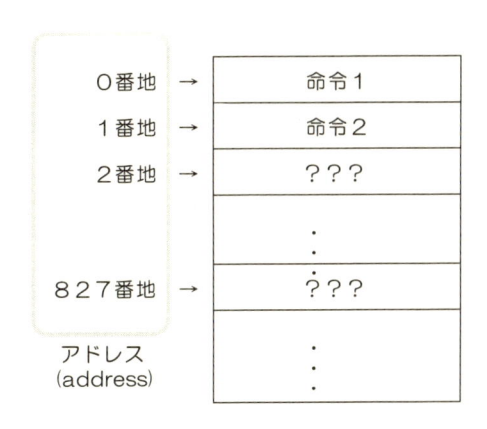

図 6.26　メモリの中の「場所」

プログラムカウンタ

　基本的にプログラムは、最初から最後まで順番に実行されますが、最初の命令が入っているメモリのアドレスを「0 番地」としましょう。そして次の命令がメモリの「1 番地」に、その次が「2 番地」に、という調子で順番に入っているとしましょう。

　コンピュータがプログラムを実行するためには、「現在実行している命令」が入っているメモリのアドレスを覚えておく必要があります。そうでないと、プログラムのどこまで実行したかがわからなくなって困ってしまいます。この、「いまメモリの中の何番地の命令を実行しているか」を示す論理回路のことを**プログラムカウンタ** (program counter; PC) と呼びますが、これを手始めに作ってみることにしましょう。

　といってもプログラムは、基本的にはまず 0 番地の命令、次に 1 番地の命令、さらに次に 2 番地、というように順番に実行していきますから、「プログラムカウンタ」の値も、基本的には順番に 1 ずつ数が増えていく論理回路、すなわち「カウンタ」そのものです。

```
0000番地 →  │   命令1   │
0001番地 →  │   命令2   │
0010番地 →  │   ???    │
    ：        │     ：    │
1111番地 →  │   ???    │
```

図 6.27　4 ビットのプログラム
　　　　　カウンタとメモリ

現状態 S	次状態 S'	出力 Q_3	Q_2	Q_1	Q_0
S0	S1	0	0	0	1
S1	S2	0	0	1	0
⋮	⋮				
S13	S14	1	1	1	0
S14	S15	1	1	1	1
S15	S0	0	0	0	0

図 6.28　4 ビットプログラム
　　　　カウンタの状態遷移表

例えば 4 ビットの数、つまり 4 桁の 2 進数がクロック信号ごとに 1 ずつ数が増えていく「4 ビットのカウンタ」をプログラムカウンタとして使うことにしましょう。この 4 ビットのカウンタを使うと、メモリの中の $2^4 = 16$ ヶ所の場所を指定できます。つまり 16 個の処理の「命令」を使ったプログラムを書くことができるわけです。当然普通のパソコンなどのコンピュータはこんなに少なくありませんが、まあ原理は同じです。

このような 4 ビットのプログラムカウンタは、結局「1 つの命令を実行するごとに発生するクロック信号 C」の立ち上がりにあわせて値が 1 ずつ増えていくような順序回路ですから、状態遷移表は図 6.28 のようになるでしょう。ここから先は、第 4 章で何回もやった順序回路の設計手順そのままです。合計 16 個の内部状態 $s_0 \sim s_{15}$ に、それぞれ「0000」から「1111」という状態符号を割り当て、4 個の D フリップフロップを使って順序回路を作れば、立派なプログラムカウンタの完成です。

これでプログラムカウンタとして一応は働くのですが、もう少し本物のプログラムカウンタっぽくしてみましょう。というのも本物のプログラムの中には「分岐命令」というのがあって、本来は順番に実行している「処理の命令」を、「次の命令」ではなくて、「どこか特定のアドレスから先の

命令」に移す、という命令があります。つまり図 6.29 のように、「$a = 0$ であったらこの命令を、そうでなければこの命令を実行する」というように、条件に応じてプログラムの実行の流れを変えるための命令です。実はこれがないと本物のプログラムは書けません。

この分岐命令を実行するためには、プログラムカウンタはどうあるべきなのでしょうか。例えば 1 ビットの変数 Z の値によって動作が変わる、次のような仕様の分岐命令があったとしましょう。

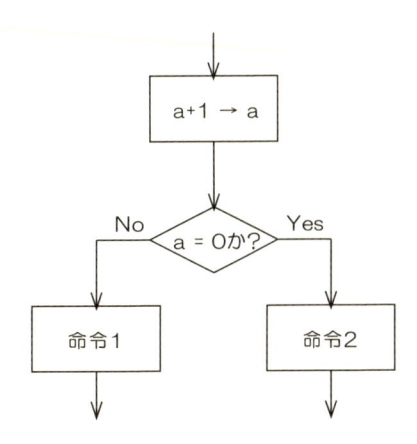

図 6.29　分岐命令の実行

① $Z = 0$ ならば、次は引き続き次の命令を実行する

② $Z = 1$ ならば、指定した n 番地の命令から先を実行する (分岐)

ちなみにこの 1 ビットの変数 Z は、D フリップフロップ 1 個で作られます。ちょっと考えてみると、次のような機能を持つ論理回路であればできそうな気がします。

① $Z = 0$ ならば、通常通り 1 ずつ増えていく

② $Z = 1$ ならば、出力が指定した値 n になる

このように考えると、図 6.30 のような状態遷移表ができるでしょう。

入力					現状態	次状態	出力				
Z	I_3	I_2	I_1	I_0	S	S'	Q_3	Q_2	Q_1	Q_0	
0	*	*	*	*	S0	S1	0	0	0	1	
0	*	*	*	*	S1	S2	0	0	1	0	Z=0のとき:
⋮	⋮	⋮	⋮	⋮	⋮	⋮	⋮	⋮	⋮	⋮	通常のカウンタ
0	*	*	*	*	S14	S15	1	1	1	1	
0	*	*	*	*	S15	S0	0	0	0	0	
1	0	0	0	0	*	S0	0	0	0	0	
1	0	0	0	1	*	S1	0	0	0	1	Z=1のとき: Qにlを代入
⋮	⋮	⋮	⋮	⋮	⋮	⋮	⋮	⋮	⋮	⋮	・・・アドレス[Q3:Q0]に
1	1	1	1	0	*	S14	1	1	1	0	実行を移す
1	1	1	1	1	*	S15	1	1	1	1	

図 6.30　分岐命令を実行するためのプログラムカウンタの状態遷移表

つまり$Z=0$のときは、普通のカウンタとしてクロックCの立ち上がりごとに1ずつ増える、という動作をしますが、$Z=1$のときは、現状態には無関係に指定する4ビットの値nを表すための4ビットの入力$I_3 \sim I_0$が、そのまま次の内部状態と出力に出てくるわけです。もちろん、分岐命令実行後は、再び$Z=0$とすれば普通のカウンタに戻りますので、分岐した先のところからまた順番に命令を実行していきます。

この状態遷移表から、いつもの手順で順序回路を作ればいいわけです。

メモリの地図

プログラムカウンタによって指定されるメモリのアドレスは、メモリの中の特定の命令が入っている場所を指定するための数値でした。プログラムを実行するコンピュータの側から見れば、図6.31のようにメモリに番地(アドレス)という数字が順番にふってあって、その数字を指定するだけで好きな場所の命令をとってきたり、場合によっては数値を書き込んだりできるわけです。これを**アクセス**(access)といいます。また、コンピュータの側から見たメモリの様子のことを**メモリマップ**(memory map)と呼びます。

0000番地 →	命令 or 数値
0001番地 →	命令 or 数値
0010番地 →	命令 or 数値
:	:
1111番地 →	命令 or 数値
アドレス (address)	

図6.31　メモリの地図＝メモリマップ

ちなみに、コンピュータの中の「命令」は数字で表します。例えば「aとbを足し算する命令」を「5」という数値で表す、ということをあらかじめ決めておきます。そうすると、メモリの中に入っているのは、命令も、足し算をする対象の数値も、いずれも「数字」ということになります。

さきほどはプログラムカウンタを使ってメモリから命令を持ってくる、という書き方をしましたが、素朴な疑問として、コンピュータが「メモリの中のあるアドレスの命令やデータを読み書き、つまりアクセスする」というのは、物理的にはどういうことなのでしょうか？

「バス」

コンピュータとメモリの間に信号線が必要なのは当然ですが、大きく分けて次の3つの信号線が必要になります。

①メモリの番地を指定する「アドレスバス」(address bus)
②メモリの中身を伝える「データバス」(data bus)
③メモリへのアクセス(読み出し/書き込み)を指定する制御信号

アドレスを指定する信号線①とメモリの中身が伝わる信号線②には「**バス**」という名前がついています。これは乗り物の「バス」と同じ語源の言

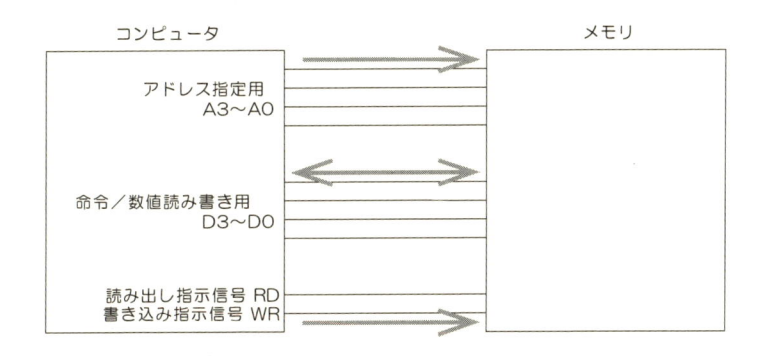

```
コンピュータ                                    メモリ

アドレス指定用
A3〜A0          ────────▶

命令／数値読み書き用
D3〜D0          ◀────────▶

読み出し指示信号 RD
書き込み指示信号 WR  ────────▶
```

図 6.32　メモリとの接続＝バス (bus)

葉で、コンピュータにたくさんのメモリがつながっている場合でも、同じアドレスバスやデータバスという信号線を共用することから、「みんなで同じ車に乗る」バスと同じ言葉が使われます。ただし、コンピュータ用語の「バス」は、「バ**ス**」というように「ス」にアクセントを置くのが一般的なようです。

さて、この2種類のバス以外に、制御線があります。制御線には、「コンピュータがメモリの値を読み出したい」ときに「1」になる「読み出し信号 (Read; RD)」と、「メモリに値を書き込みたい」ときに「1」になる「書き込み信号 (Write; WR)」があります。メモリの側は、RD = 1 と指示されると、指定されているアドレスバスの先にあるデータを読み出し、デー

タバスにその値を出します。コンピュータ側では、このデータバスの値を取り込んで、そこから先の命令実行などの処理を行います。

また、例えばデータバスが8本であれば8ビットの2進数、つまり0～255までのデータや命令を扱えます。16本であれば、16ビットの2進数、つまり0～65535までのアドレスを指定できることになります。

ここでは簡単のため、データバスもアドレスバスも4本だけのコンピュータを考えてみましょう。

アドレスバスをそれぞれ$A_3 \sim A_0$、データバスを$D_3 \sim D_0$としておきます。メモリの中の2進数で0101番地(10進数では5番地)に、2進数で1010(10進数で10)という数字が記憶されている場合、これを読み出す手順は次のようになります。

①コンピュータ側が、アドレスバスに0101(2進数)を設定する
②RDを1にする
③メモリがアドレス0101にあるデータをデータバスに設定する
④プロセッサがそのデータを読み込む
⑤RDを0にする

この様子は、図6.34のようなタイミングチャートになるはずです。こ

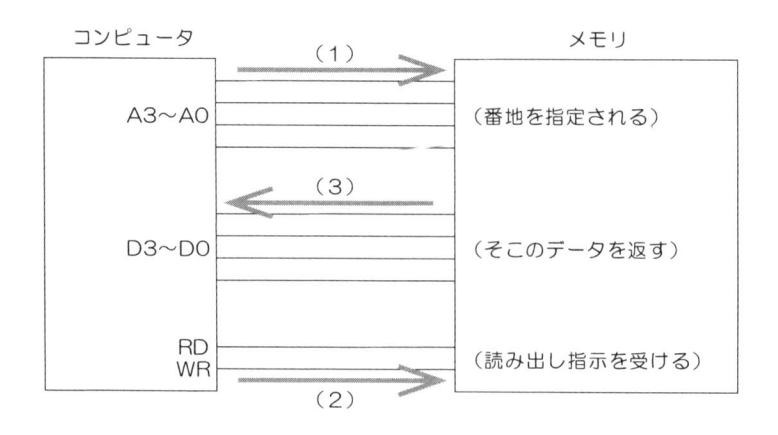

図6.33　メモリからの読み出しの手順

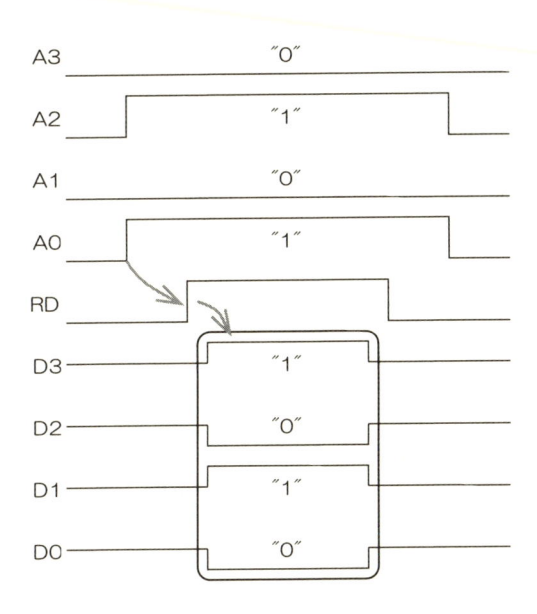

図 6.34　メモリからの読み出し時のタイミングチャート

うタイミングチャートで書くと、論理回路っぽくなりませんか？　細かいタイミングはともかく、順番にやっていけば順序回路や組合せ論理回路でできそうな気もしてきます。メモリへの書き込みも、WR 信号を制御信号として使うだけで似たような感じになります。

メモリマップの作り方

メモリからの読み出しや書き込みを行うとき、メモリが次のように 2 つあるとしましょう。

①アドレスバス 4 本・データバス 4 本・命令が入っているメモリ A
②アドレスバス 4 本・データバス 4 本・数値が入っているメモリ B

この 2 つのメモリは使い分けられていて、1 つはプログラムの命令が入っていて、もう 1 つは加算などの演算を行うべき数値が入っています。各メモリにはそれぞれ 16 番地までありますが、コンピュータ側からは、2 つのメモリをまとめて 32 番地あるように見えるはずです。そこで、図

6.35 のように、2 進数で 00000(0) 〜 01111(15) 番地までは実体がメモリ A、10000(16) 〜 11111(31) 番地までは実体がメモリ B であるとします。

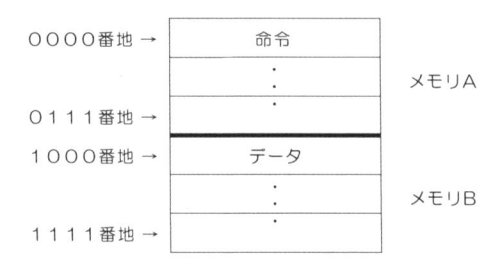

```
0000番地 →  ┌─────────┐
            │   命令    │
            │    :     │ メモリA
            │    :     │
0111番地 →  ├─────────┤
1000番地 →  │  データ   │
            │    :     │ メモリB
            │    :     │
1111番地 →  └─────────┘
```

図 6.35　メモリマップの例

さらに、2 つのメモリに、もう 1 本、チップセレクト (chip select; CS) という制御信号線をつけます。この CS は、CS = 1 のときだけ、コンピュータからの読み書きの指示に応じるというものです。つまり、CS = 0 のときは、いくら RD = 1 となって読み出しの指示があっても居留守を使って応じないというわけです。

そしてこれらを図 6.36 のように接続します。ちょっと複雑ですが、接続のポイントは次の通りです。

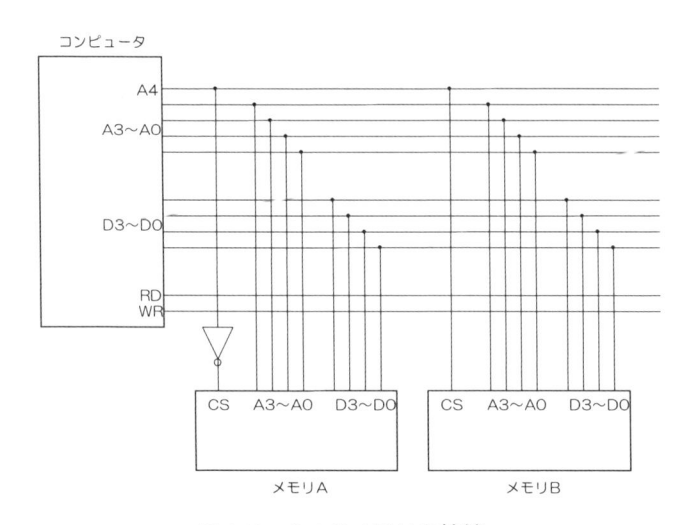

図 6.36　2 つのメモリの接続

第 6 章 ◎ コンピュータを作ってみよう！

① データバス $D_0 \sim D_3$ はすべて接続
② アドレスバスのうち、$A_0 \sim A_3$ はすべて接続
③ アドレスバス A_4 はメモリ B のチップセレクト CS へ接続
④ この A_4 は、インバータを通して $\overline{A_4}$ としてメモリ A の CS へ接続
⑤ 読み出し・書き込みの制御線である RD と WR はすべて接続

コンピュータ側からはアドレスバスは 5 本ありますから、指定できるアドレスは 2 進数で 0 0000 ～ 1 1111 の 32 ヶ所です。このような接続によって、コンピュータ側から見ると、16 ヶ所ずつのアドレスを持つメモリ A とメモリ B で受け持っているようになるのです。

なんで？　という気もしますが、順番に例を出して考えてみましょう。

例えば 2 進数でアドレス 0 0011 のデータを読み出そうとすると、読み出しの手順から次のようなことが起こるはずです。

① コンピュータがアドレスバスに 2 進数で 0 0011 を設定する (ちなみにこのとき $A_4 = 0$)
② RD を 1 にする
③ このときメモリ A の CS は $\overline{A_4}$ から 1 になるので、メモリ A は応答する。つまりデータバスには、メモリ A の 0011 番地のデータが出てくる
④ このときメモリ B の CS は A_4 から 0 になるので、メモリ B は応答しない。つまり存在しないのと同じ
⑤ したがって、コンピュータ側が実際に読み出すデータは、メモリ A の 0011 番地にあるデータ

この調子で、コンピュータ側から見ると 2 進数で 0 0000 ～ 0 1111 番地は、メモリ A の 0000 ～ 1111 番地が対応しているように見えます。

同様に、例えば 2 進数でアドレス 1 0011 のデータを読み出そうとすると、次のようなことが起こるでしょう。

① コンピュータがアドレスバスに 2 進数で 1 0011 を設定する (ちなみにこのとき $A_4 = 1$)
② RD を 1 にする
③ このときメモリ A の CS は $\overline{A_4}$ から 0 になるので、メモリ A は応答しない。つまり存在しないのと同じ
④ このときメモリ B の CS は A_4 から 1 になるので、メモリ B は応答する。つまりデータバスには、メモリ B の 0011 番地のデータが出てくる
⑤ したがってコンピュータ側が実際に読み出すデータは、メモリ B の 0011 番地にあるデータ

つまり、コンピュータ側から見て 2 進数で 1 0000 〜 1 1111 番地は、メモリ B の 0000 〜 1111 番地が対応しているように見えるわけです。これらのことから、まさに図 6.35 のようなメモリマップができたことになります。

ここから先はあまり詳しく触れませんが、このように CS 信号をうまく使うことで、さまざまなメモリマップを作ることができます。例えば、コンピュータから見てメモリ A を 2 進数で 10 0000 〜 10 1111 番地に「マッピング」したいとしたら、実はメモリ A の CS 信号を次のように作ればよいことになります。

$$\text{CS} = A_5 \cdot \overline{A_4}$$

ようするに、メモリ A がアクセスされるのは $A_5 = 1, A_4 = 0$ のときですから、このときだけ CS = 1 となるような論理式で CS を作ってあげればよいわけです。この CS に対応する組合せ論理回路は作れます。このように、アドレスバスから CS 信号を作り出す組合せ論理回路を**アドレスデコーダ** (address decoder) と呼びます。

こんなところにも論理回路が出てくるんですね。

6.4 コンピュータを「使って」みる

いろいろなマイコン

ここまで、コンピュータの構成要素をいくつか見てきました。本当ならばこれらを組合せて、正真正銘のコンピュータを作ってみたいところではあるのですが、本格的にやろうとするとかなりの作業になります。かといって中途半端なものを作ってもしょうがないので、この本の最後に、コンピュータを「使って」遊んでみることにしましょう。

といっても、パソコンでプログラミングをする、というのはこの本の主旨からかけ離れてしまいますので、これは他書にゆずることにして、「論理回路」に関連の深いコンピュータで遊んでみることにしましょう。

それは、ワンチップマイコン、または略して単に「マイコン」と呼ばれるIC です。もともとマイコンという言葉は、MicroComputer(小さなコンピュータ)の略語ですが、一般に「マイコン」といった場合は、パソコンのようなコンピュータではなく、1個のIC に、おまけぐらいの電子部品をつけるだけでコンピュータとして使えるIC を指すことが多いようです(最近はArduino(http://arduino.cc/)などお手軽なマイコンボードが多く発売されていますので興味のある人は遊んでみてください)。

小さくても「コンピュータ」ですから、当然、プログラムを実行するこ

図 6.37　パソコンとマイコン
入力 = キーボード / 出力 = ディスプレイ　　入力 = スイッチ / 出力 =LED

とができます。ただし、パソコンのプログラムを実行すると、モニターに絵が表示されたり、音が出たり、Web ページを表示したり、といったようなことができるのですが、「マイコン」には、モニターやキーボードを持つものはあまりありません。私たちは、キーボードを使ってパソコンに情報を与え、モニターやスピーカから情報を得ますが、マイコンではキーボードがスイッチに、モニターは LED やモータなど、より物理的なものが取って代わります。マイコンは、スイッチや LED、モータといったものを制御するときに使う電子部品 (といってもコンピュータ) なのです。

さて一口に「マイコン」といっても、いろいろなメーカからいろいろな製品が出ています。ホビーユースでも比較的お手軽に使えるマイコンには、次のようなものがあります。

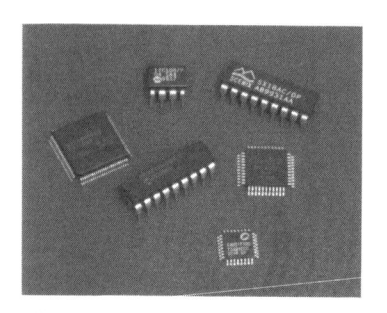

図 6.38　いろいろなマイコン

・米 Microchip 社 PIC シリーズ
・米 Atmel 社 AVR シリーズ
・日立 H8 シリーズ
・日立 SH シリーズ
・三菱電機 M16 シリーズ
・Cygnal 社 C8051 シリーズ
・Cypress 社 EZ-USB シリーズ

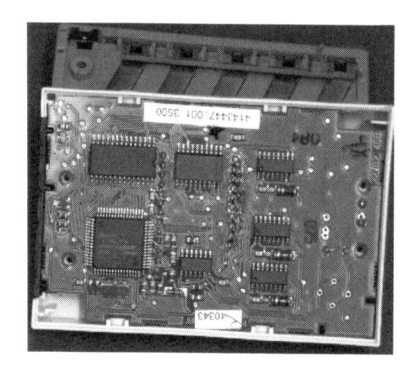

図 6.39　LEGO Mindstorms のコントローラ RCX の中身 (H8)

マイコンは最近の IC の中では、日本のメーカが比較的がんばっている分野です。それぞれ特徴があり、用途に応じて使い分けられていて、身近な電子機器を分解してみると、これらのマイコンが多く使われていることがわかります。

例えば図 6.39 は、LEGO ブロックでプログラム可能なロボットな

第 6 章◎コンピュータを作ってみよう！

どを作って遊ぶ Mindstorms というシリーズの中の、中心的な部品であるRCX というパーツを分解して中を見たところですが、ここには日立の H8 シリーズのマイコン (H8/3292・製品名 HD6433292) が使われています。

また、図 6.40 は中村理科工業 (http://www.rika.com) で販売している気象データ記録器のエコログという製品を分解して中を見たところですが、ここには Mircochip 社の PIC シリーズのマイコン (PIC16C74A) が使われています。

図 6.40　EcoLog の中身 (PIC)

これに限らず、身の回りの電子機器で、マイコンが入っていないものはほとんどないといっても過言ではないでしょう。テレビのリモコンから冷蔵庫、炊飯器、さらにはパソコンのマウスまで、ほとんどのものに、なんらかのマイコンが入っているはずです。

せっかくここまで身近にあるマイコンですので、これを使って少し遊んでみましょう。とはいってもいろいろ種類があって迷ってしまいますが、ここでは Mircochip 社の PIC シリーズの PIC16F628 というマイコンを使ってみることにします。これを使ってブレッドボード上に回路を作ってみることにしましょう。

PIC16F628 を使うにあたって必要なものがいくつかあります。いずれも巻末ページで入手方法を紹介していますので、興味のある方は、ぜひ購入して遊んでみてください。

　①発振子 (マイコンの動作クロックを発生させるための部品ですが、この PIC16F628 では使わないことも可能です)

　②書き込み器 (いろいろなメーカの製品があります)

　③PIC マイコンのプログラム開発ツール (アセンブラ、あるいは C コンパイラ)

③のプログラム開発ツールは、どんな言語で PIC マイコンのプログラムを書くかによって使うものが分かれてきます。

代表的な言語の1つは**アセンブリ言語**で、「人間」にはわかりにくいのですが、マイコンをいじりたおすプログラムを書くことができます。PIC マイコンの場合、アセンブリ言語で書いたプログラムをマイコンに書き込む形式に変換するプログラムである**アセンブラ**は Mircochip 社から MPLAB という一式のソフトウエアとして無料で配布されています。

→ http://www.microchip.co.jp/

もう1つは **C 言語**で、これはパソコンのプログラミング言語としても有名なのでご存知でしょう。PIC マイコンのようなマイコンでも、C 言語でプログラムを書くことができます。C 言語で書いたプログラムをマイコンに書き込む形式に変換するためのプログラムである **C コンパイラ**は、市販のものもいくつかありますが、体験版ソフトウエアとして無料で利用できるものもあるようです。

ここでは、アセンブリ言語と、体験版ソフトウエアとして無料で利用できる HI-TECH Software 社の PICC Lite という C コンパイラを使ってみることにしましょう。

→ http://www.htsoft.com/products/piclite/piclite.html

以下では、アセンブリ言語と C 言語を使った PIC マイコンのプログラムと、それを使った回路をいくつか紹介しますが、ページ数の関係で、あまり深く遊ぶことはできません。興味を持たれた方は、ぜひ他の書籍をあたってみてください。また、以下で使うソフトウエアや部品・装置の入手方法は巻末ページをご覧ください。

アセンブリ言語で遊んでみる

巻末ページの方法で MPLAB を入手してインストールすると、図 6.41 のようなアイコンの「MPASM」というプログラムがスタートメニューの中にあるはずです。これが PIC マイコン用のアセンブラです。

図 6.41　MPASM のアイコン

```
 1:          list     p=16f628
 2:          #include <p16f628.inc>
 3:
 4: _CONFIG _CP_OFF _WDT_OFF _BODEN_ON _PWRTE_ON
    _INTRC_OSC_NOCLKOUT _MCLRE_OFF _LVP_OFF
 5:
 6:          org      0x000
 7:
 8: count1   equ      0x20
 9: count2   equ      0x21
10:
11: init     bsf      STATUS, RP0
12:          movlw    0x00
13:          movwf    PorTA
14:          movwf    PorTB
15:          bcf      STATUS, RP0
16:
17: loop
18: ; PortB[0] = 1
19:          bsf      PorTB, 0
20:
21: ; wait for 0.3sec.
22:          clrf     count1
23: wait1a   clrf     count2
24: wait1b   nop
25:          decfsz   count2, F
26:          goto     wait1b
27:          decfsz   count1, F
28:          goto     wait1a
29:
30: ; PortB[0] = 0
31:          bcf      PorTB, 0
32:
33: ; wait for 0.3sec.
34:          clrf     count1
35: wait2a   clrf     count2
36: wait2b   nop
37:          decfsz   count2, F
38:          goto     wait2b
39:          decfsz   count1, F
40:          goto     wait2a
41:
42: ; repeat loop
43:          goto     loop
44:          end
```

図 6.42 アセンブリ言語で書いた PIC の LED 点滅プログラム

ここでは、まずは手始めとしてPICマイコンの入出力端子であるPortBの0番(PB-0)を出力端子にして発光ダイオード(LED)をつなぎ、これを0.6秒ぐらいの周期で点滅させることにしましょう。このプログラムは図6.42のようになります。

　細かい文法は他の本を参照していただくとして、このプログラムに書いてあることをざっくり見ておくと、こんな感じです(ちなみに;から始まる行は注釈ですのでプログラムとは直接関係ありません)。

① PortBなどの初期化(11～15行目)
② PortBの0番(PB-0)を1にする(19行目)
　　これによりPB-0が+5V程度の高い電圧になり、LEDが点灯する
③ 約0.3秒待つ(22～28行目)
④ PortBの0番(PB-0)を0にする(31行目)
　　これによりPB-0が0V程度の低い電圧になり、LEDが消灯する
⑤ 約0.3秒待つ(34～40行目)
⑥ ②に戻る(43行目)

これにより、0.3秒ごとにLEDが点灯・消灯を繰り返すわけです。いかがでしょう？ 細かい文法はあるにしても、まるでHDLで論理回路の動作を書いていたような調子で、行いたい動作が書けるのではないでしょうか。

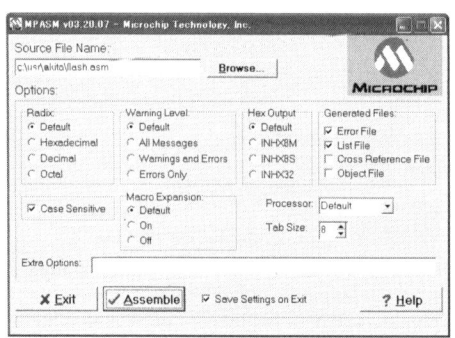

図6.43 「MPASM」でアセンブルするようす

このアセンブリ言語で書かれたプログラムをflash.asmという名前で保存しておき、図6.43のように「MPASM」でアセンブル、つまりPICマイコンに書き込める形式に変換するとflash.hexというファイルができます。そして図6.44のようなPICマイコンにプログラムを書き込む装置(ライタ；writer)を使ってPICマイコンにflash.hexを書き込みます。

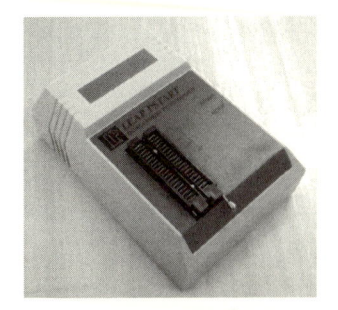

図 6.44 PICマイコンにプログラムを書き込むライタ

最後に、このプログラムが書き込まれたPICマイコンを使って図6.45のような回路を作ってみましょう。PICマイコンのPortAの0番である、ICの17番ピンに、抵抗を通して発光ダイオード(LED)を接続しています。このPICマイコンもICですから電源が必要ですので、+5Vを14番ピン、0Vを5番ピンにつないでおきます。これらをブレッドボードにさすと図6.46のような感じになります。

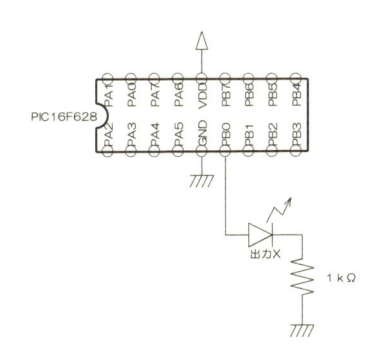

図 6.45 PICマイコンを使ったLED点滅回路

実際にやってみると0.6秒ぐらいの周期でLEDが点滅します。これが、さきほど書いたプログラムどおりにPICマイコンが動いて

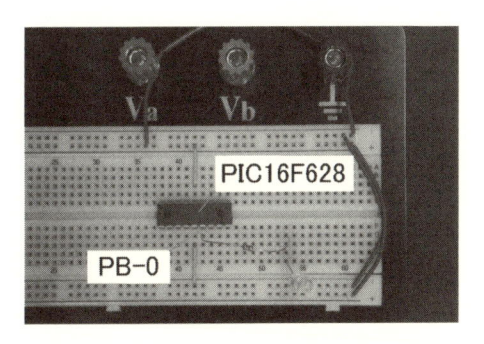

図 6.46 PICマイコンを使ったLED点滅回路の実体配線

いる証なのです。なんだか不思議な気もしませんか？

　PICマイコンは、小さいといえどもコンピュータ、複雑で大規模な論理回路です。そして、このマイコンという論理回路を動かす手順がプログラムであり、そのプログラム通りに論理回路が動く、つまり順序回路の状態が次々と遷移して、その結果、LEDが点滅しているのです。

　ちなみに、ここで使ったPIC16F628というPICマイコンは、1000回ぐらいはプログラムの書き換えができますので、どんどんプログラムを改造して、遊んでみてください。インターネット上にいろいろな情報サイトがありますが、例えば以下のようなところが楽しそうです。

　→ http://www.picfun.com/

C言語で遊んでみる

　さきほどはアセンブリ言語でPICマイコンのプログラムを書きました。しかしこのアセンブリ言語、なじみがない人にはとっつきにくいものです。特に大きなプログラムを書こうとすると、かなり気が滅入ってきます。

　そこで、プログラミングをしたことがある方ならば触ったことぐらいはあるであろうC言語で、PICマイコンのプログラムを書いてみることにしましょう。

　まずは巻末ページの方法でHI-TECH Software社のPICC Liteを入手してインストールしましょう。するとPICLというCコンパイラが使えるようになります。

　手始めに、さきほどのアセンブリ言語のときと同じように、PortAの0番(PA-0)を出力端子にして発光ダイオード(LED)をつなぎ、これを0.6秒ぐらいの周期で点滅させることにしましょう。このプログラムは図6.47のようになります。細かい文法は他の本を参照していただくとして、このプログラムに書いてあることをざっくり見ておくと、こんな感じです。

① x ミリ秒間待つ、という関数 delay_ms() を書く (5～14行目)
② main関数、つまりプログラムの本体を書く (16～27行目)
　この中身では、以下の③～⑥をwhile(1)文で無限ループにして

いる。

③ PortB の 0 番 (PB-0) を 1 にする (22 行目)
④ 約 0.3 秒待つために関数 delay_ms() を呼ぶ (23 行目)
⑤ PortB の 0 番 (PB-0) を 0 にする (24 行目)
　これにより PB-0 が 0V 程度の低い電圧になり、LED が消灯する
⑥ 約 0.3 秒待つために関数 delay_ms() を呼ぶ (25 行目)
　これにより PB-0 が +5V 程度の高い電圧になり、LED が点灯する

```
 1: #include <pic.h>
 2:
 3: _CONFIG(0x3f50); /* INTOSC=4MHz, WDT=Off, MCLR=Off */
 4:
 5: void delay_ms(unsigned char x){
 6:   unsigned char w, v;
 7:
 8:   while(--x > 0){
 9:     for (v = 0; v < 3; v++){
10:       w = 111;
11:       while(--w != 0) continue;
12:     }
13:   }
14: }
15:
16: main()
17: {
18:   TRISA = 0x00;
19:   TRISB = 0x00;
20:
21:   while(1){
22:     PortB = 0x01;
23:     delay_ms(250);
24:     PortB = 0x00;
25:     delay_ms(250);
26:   }
27: }
```

図 6.47　C 言語で書いた PIC の LED 点滅プログラム

いかがでしょう？　多少 C 言語をかじったことがある方ならば、なんとなく直感的にわかるのではないでしょうか。

これを flash.c というファイル名で保存しておきましょう。これをコンパイルするときは、Windows のコマンドプロンプトから次のようにタイプします。

> picl -16f627 flash.c

そして、できあがったファイル flash.hex を、ライタを使って PIC マイコンに書き込みます。いったん書き込んでしまえば、PIC マイコンの外側はまったく同じ、つまり LED を PortB の 0 番ピンにつなぐだけです。さきほどの図 6.45、図 6.46 のようにブレッドボード上に回路を作ってみると、さきほどとまったく同じように、0.6 秒ぐらいの周期で LED が点滅します。

せっかくですので入力も使ってみましょう。図 6.48 は、さきほどの LED が点滅するだけのプログラム flash.c に加えて、PortB の 7 番 (PB-7) を入力として、そこにスイッチをつなぐことを想定し、PB-7 が「0」であれば LED の点滅を続け、PB-7 が「1」であれば LED が消えたままになるというプログラムです。

```
 1: #include <pic.h>
 2:
 3: _CONFIG(0x3f50); /* INTOSC=4MHz, WDT=Off, MCLR=Off */
 4:
 5: void delay_ms(unsigned char x){
 6:   unsigned char w, v;
 7:
 8:   while(--x > 0){
 9:     for (v = 0; v < 3; v++){
10:       w = 111;
11:       while(--w != 0) continue;
12:     }
13:   }
14: }
15:
```

```
16: main()
17: {
18:    TRISA = 0x00;
19:    TRISB = 0x80;
20:
21:    while(1){
22:      if ((PortB  0x80) == 0) PorTB = 0x01;
23:      else PortB = 0x00;
24:      delay_ms(250);
25:      PortB = 0x00;
26:      delay_ms(250);
27:    }
28: }
```

図6.48　C言語で書いたPICのLED点滅プログラム（スイッチつき）

22～23行目で、PortBの値を調べるPortBのうち、PB-7が「0」か「1」かを調べるためにここの7ビット目を調べ、それが「0」であれば通常通りLEDを点灯、「1」であればLEDを消灯しています。以下は同様で、結果としてPB-7が「0」であればLEDは点滅し、「1」であればLEDは消灯したままになります。このようにマイコンに入力を与えることも自在です。

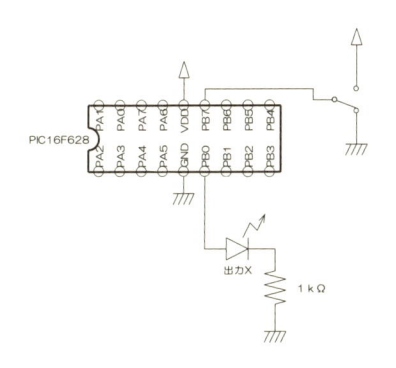

図6.49　LED点滅回路（スイッチつき）

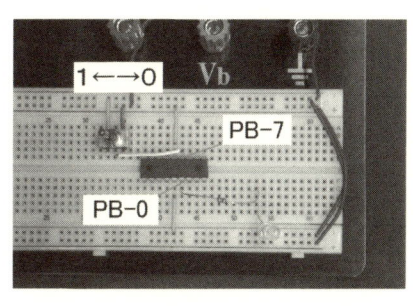

図6.50　LED点滅回路（スイッチつき）の実体配線

以上，駆け足ではありましたが，ワンチップマイコンであるPICマイコンを使って少しだけ遊んでみました。このワンチップマイコンは見かけは小さいものの，プログラムを実行するためのプログラムカウンタがあり，加算器などの演算器，さらにはメモリも装備した正真正銘のコンピュータなのです。

　どうでしたか？　すぐには頭の中でつながらないかもしれませんが，ぜひ論理回路やワンチップマイコンを使い倒して，いろいろ遊んでみてください。世の中には，このようなもので「遊んで」いる人がたくさんいます。少しでもこのような世界に興味を持たれたら，ぜひこの論理回路・マイコンの世界に足を踏み入れてみてください。

　お待ちしています。

なんでもQアンドA

Q　メモリは記憶する部分ですから，やはり順序回路で作られているのでしょうか？

秋田　基本的にはその通りです。1個のD-FFで0か1，つまりいわゆる1ビットの記憶ができますから，これを必要個数集めればメモリになります。ただしパソコンのメインメモリなどはとても容量が大きく，D-FFをまともに集めていると回路が大きくなりすぎるので，もう少し簡易化してコンデンサを記憶に使うDRAMというものを使うのが一般的です。

Q　インターネットでいうポートとマイコンのポートは同じものですか？

秋田　「データの出入り口」という意味では同じですが，マイコンのポートは，マイコン自身が「意思」を表現する唯一の窓口です。

Q　ブレッドボードで足し算をする回路を作れますか？　それをLEDとかボタンとかにつないだら，れっきとした電卓になりますか？

秋田　ちょっと大変かもしれませんが、原理的には可能です。74シリーズのICだけで作るのは結構大変かもしれませんが、CPLDやFPGAを併用すると案外楽かもしれません。ぜひがんばってください。

Q　機械語というものを耳にしたことがあるのですが、どんなものですか？

秋田　マイコンもコンピュータも、最終的には「命令」を実行するわけですが、この命令は数値で表します。この命令を表す数値が「機械語（マシン語）」というものです。アセンブリ言語で書いたプログラムも、C言語で書いたプログラムも、最終的には「機械語」、つまり数値に変換され、これが実行されるわけです。

Q　論理回路をマスターしたら、これからどんな科目がありますか？

秋田　ぜひコンピュータを「つくる」ことを学んでみてください。「コンピュータ・アーキテクチャ」という分野ですが、「アーキテクチャ(architecture)」というのはもともとは「建築」という意味の言葉です。つまりコンピュータを作るときに、どういう要素をどうやってくみ上げていくか、という全体のバランスを考えていく、そういう分野です。

「野望」持ってみませんか？

　この本の最後に、PIC マイコンという、メモリも含めて 1 つの IC になったコンピュータを使ってみました。紙面の都合でたいしたことはできませんでしたが、マイコンの可能性は、もっともっと広く深くあります。

　そもそもマイコンというのは、小さいとはいえコンピュータであるわけですが、それが 1 つの IC になっているということだけで、「パソコン」のような大きなコンピュータとはまったく異なる可能性がでてきます。

　例えば「1 と 0 を繰り返す、基準となるクロック信号を作りたい」としましょう。これは昔であれば、水晶発振子という電子部品とトランジスタからなる電子回路で作るのが普通です。ところがマイコンを使うと、次のような「プログラム」を書き込むだけで、このようなクロック信号を作る発振回路を作ることができます。

```
#include <pic.h>
main()
{
  TRISA = 0x00; TRISB = 0x00;

  while(1){
    PORTB = 0x00;
    PORTB = 0x01;
  }
}
```

　つまり、PortB の 0 ビット目という 1 本の端子を 0 にして、次に 1 にする、ということを無限に繰り返す、というプログラムですが、プログラムを実行するスピードさえ調整すれば、立派に 1 と 0 を交互に繰り返すクロック信号となります。

　このように、同じクロック信号を作るにも、電子回路で作る方法もあれば、マイコンを使って「コンピュータのプログラム」で作る

方法もある、というわけです。プログラムで作るという方法は、パソコンを使って作ろうという人はいませんが、「1個のICという電子部品」のマイコンであれば、十分可能で現実的な方法となるのです。

「コンピュータが1個のICになった」ことで、それまでは考えられもしなかったような用途が出てくるわけで、いわば「コンピュータの使い方の革命」が起こりうる、といえるでしょう。

私がマイコンを使って、(半分趣味、半分本業で)作ったものをいくつか紹介しておきましょう。より詳しくは次のWebページで紹介していますので興味を持たれた方はぜひご覧ください。

→ http://akita11.jp/plan/

みなさんも「マイコン」という広く深い可能性を持った道具を使って、**「野望」を持ってみませんか？**

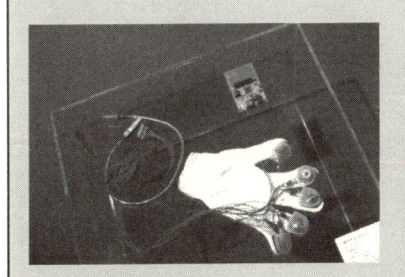

指キタス・カメラ
(UBI-quitous camera)

PlayStationコントローラで
ロボット制御

LED点滅アクセサリ

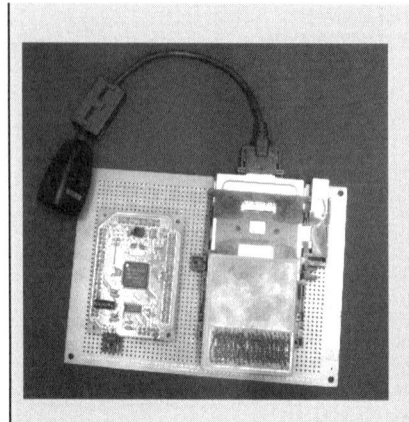

マイコンに PC カード

ネットワーク接続気象観測装置

論理回路で遊ぶときの関連情報

電子部品の入手方法

　この本の中で紹介した、ブレッドボード上に電子回路を作って遊ぶ実験で必要な機材の大半は、東京・秋葉原の(株)秋月電子通商で店頭または通信販売(送料600円)で購入することができます(価格は2003年3月31日現在のものです)。

→ http://akizukidenshi.com/

品名・型番	注文番号	単価	個数
ブレッドボードセット EIC-102BJ	P-285	800 円	1
AC アダプタ NP12-1S0523	M-29	850 円	1
トグルスイッチ	P-300	100 円	2
PIC16F628-20P	I-99	300 円	1
① AKI-PIC プログラマー (キット)	K-38	6,700 円	1
ケーブル・電源キット	K-160	1,000 円	1
② ハンディー PIC ライタ PSTART	M-188	13,700 円	1

　大きめの論理回路を作って実験してみたい方は、トグルスイッチは少し多めに買っておいてもよいかと思います。PICマイコンにプログラムを書き込むプログラムライタは、上記のように2種類あります。お好きな方1つだけで構いません。

　①キット (K-38 + K-160) : 半田付けが必要。安価。

　② PSTART (M-188) : 完成品なので買うだけですぐ使える。少々高価。

　また、以下の部品も、東京・秋葉原や大阪・日本橋などの電子部品店や、通信販売で購入することができますが、小物ばかりのため、通信販売で購入すると送料のほうが高くついてしまいます。そこで筆者の私が実費で配布をいたしますので、以下の2点を同封の上、以下の住所までお送りください (送った旨を、電子メールで akita@akita11.jp までご一報いただければ幸いです)。

〒 920-1192 金沢市角間町 金沢大学工学部情報システム工学科 秋田純一宛

① 160円分の切手 (80円切手×2枚)、または 260円分の切手 (80円切手×2枚 +50円切手×2枚)。② 90円切手を貼り、あなたの住所・宛名が書かれた返信用封筒。

品名・型番	単価 (目安)	最低限の数	十分な数
IC 74HC00	40 円	1	2
IC 74HC74	40 円	1	1
LED(赤)	20 円	2	4
抵抗器 1kΩ	10 円	4	6
合計		160 円	260 円

PICマイコン関連のソフトウエアの入手方法

第6章で紹介したPICマイコンの関連ソフトウエアは、以下のホームページからダウンロードできます。

① HI-TECH CのPICC Lite
→ http://www.htsoft.com/products/piclite/piclite.html
② MPLAB
→ http://www.microchip.co.jp/

本書で紹介したファイル

本文中で紹介した論理シミュレーションやPICマイコンのプログラム用のデータは、以下の本書サポートページところに準備してありますので、ご利用ください。

→ http://akita11.jp/0digi

内容：
①源内CADの論理シミュレーション用ファイル
② VerilogHDLで記述した論理回路のファイル
③ PICマイコンのプログラム

参考文献

この本の中で書ききれなかった内容について、さらに詳しく知りたい方は、例えば以下の本をご参照ください。これ以外にも、本屋さんに多くの本がありますし、インターネット上で検索してもいろいろな有益な情報が見つかると思います。

① 「ゼロから学ぶ電子回路」（秋田純一著、講談社）
　論理回路のさらに中身の電子回路のこと。
② 「HDLによるVLSI設計」（深山・秋田他著、共立出版）
　VerilogHDLの詳細。
③ 「電子工作のためのPIC活用ガイドブック」（後閑哲也著、技術評論社）
　PICマイコンの詳細。

〔第3章の70ページの例題の解答例〕

$x = a \cdot b + b \cdot c + a \cdot d$ 　（実はa, bは一部共通になる）
$x = \overline{a} \cdot b + b \cdot c$ 　（aのすぐ後にインバータを1個入れる）
$x = a \cdot b + a \cdot c + a \cdot d \cdot e$ 　（3入力のANDゲートを使う）
$x = a \cdot b + a \cdot \overline{c} + \overline{a} \cdot d + c \cdot d \cdot e$

（詳しい図は http://akita11.jp/0digi に置いてあります）

索引

記号

& 133
^ 133
~ 133
× 27
⊕ 48
・ 19
＋ 19
― 19
| 133

数字

2 ビットカウンタ 114, 118, 155
6 NAND タイプ 96
74HC00 36
74HC74 98

アルファベット

A

AC アダプタ 37
ALU 184
and 19
AND-OR 型 69
AND ゲート 32, 44
AND ゲートの論理式 64

C

CISC 30
CL 98
CLA 184
CPLD 163, 165
CRA 180
C 言語 200
C コンパイラ 200
C の立ち上がり 94
C の立ち下がり 94

D

don't care 項 62
DRAM 208
D フリップフロップ 89, 90, 97, 147
D ラッチ 89, 91

E

EEPROM 163

F

foo 134
FPGA 164, 165
FSM 101

G

GAL 163
GND 37, 42

H

HDL 131
hoge 134

I

I 111
IC 14

L

LED 39
LSI 14, 138

M

module 132
MOS トランジスタ 141, 142, 167

N

NAND 演算 24
NAND ゲート 33, 43, 66
NOR 演算 24
NOR ゲート 33, 46
not 20
NOT ゲート 33
NP 困難な問題 117

O

One-hot 符号 125
or 19
OR ゲート 33, 45

OR ゲートの論理式 65

P

PAL 160
PC 187
Pentium 76
PIC 199
PLD 159
posedge 148
PR 98

R

RD 191
RISC 29

S

S 102, 103
S' 103
S-R フリップフロップ 84, 86
S0 102
S1 102

V

VCC 37, 42
VDEC 135
VerilogHDL 131
Verilog シミュレータ 135
VHDL 131

W

WR 191

X

XOR 48
XOR 演算 48

Z

Z80 75

あ行

アーキテクチャ 164
アクセス 190
アセンブラ 200
アセンブリ言語 200
アドレス 187
アドレスデコーダ 196
アドレスバス 191
アナログ 8
アナロジー 24
安定 79
インバータ 33, 44, 132
インバータ・ペア 79
エッジトリガ式 95

か行

カウンタ 113
書き込み器 199
書き込み信号 191
加算 13
型番 36
カルノー図 55, 58, 63
簡略化 54
記憶する論理回路 79
機械語 209
キャッシュメモリ 29

キャリー 70
キャリー生成 181
キャリー先見加算器 183
キャリー伝播 179, 181
キャリー伝播加算器 180
吸収則 20
組合せ論理回路 31
クリア信号 98
グレイ符号 116
クロック 72, 94
ゲートアレイ 164
桁上がり伝播 179
結合則 20
源内 CAD 108
コンピュータ 171

さ行

最小項 53
シミュレーション 108
ジャンク屋 127
集積回路 14, 138
順序回路 78, 150
条件分岐 111
状態 79
状態遷移図 102
状態遷移表 103
状態符号 103
信号線 191
真理値表 50
スイッチ 38
スーパースカラ 28
スレーブ 92

正論理 85
積和標準形 53
セット 84
セット・リセット・フリップフロップ 84
セットバー 84
遷移 101
全加算器 173
双対性の原理 23

た行

対合則 20
タイミング・チャート 83
足し算する論理回路 70
立ち上がり 94
立ち下がり 94
端子 36
チップセレクト 194
チャタリング 99
抵抗 39
ディジタル 7, 8
データシート 36
データバス 191
デコーダ 145
デコード 186
電圧 37
等価 21
同期式 S-R フリップフロップ 87
動作記述言語 131
トグルスイッチ 38
トップダウン設計 130
ド・モルガンの定理 21, 22

な行

内部状態 101
内部変数 102
二重否定 21, 27
2進数 17

は行

排他的論理和 47
配置配線ツール 142
パイプライン処理 28
バス 191
発光ダイオード 39
発振子 199
半加算器 70, 173
半導体 14
火入れ 43
ビット 114
否定 19, 25
ピン 36
不安定 80
不一致回路 48
ブール 26
ブール式 21
ブール代数 18
ブール変数 19
フェッチ 186
フォン・ノイマン 26
プリセット信号 98
フリップフロップ 84, 147
ブレッドボード 35
プログラム 186
プログラムカウンタ 187

負論理 85
分岐予測 29
べき等則 20
ポート 208
ボトムアップ設計 131

論理商 27
論理積 19, 24
論理遅延 71
論理和 19, 25

ま行

マイクロプロセッサ 28
マイコン 197
マスタ 92
マスタ・スレーブ式 D フリップフロップ 92
無安定 80
メモリ 186, 190, 208
メモリマップ 190

や行

有界則 20
有限状態機械 101
読み出し信号 191

ら行

ラッチ 91
リセット 85
リセットバー 84
リレー 25
レイアウト図 142
レベル・センス式 D-FF 91
論理ゲート 32
論理合成 69
論理差 27
論理式 51, 64

・本書に記載したプログラム名、システム名、製品名などは、一般に各社、各組織の（登録）商標です。本書中では、TM、®マークは明記しておりません。
・本書で紹介したWebサイトのURL、内容、構成などは、変更される場合があります。各サイトの内容は、それぞれの製作者、管理者に著作権があります。

◎索引

著者紹介

秋田 純一(あきた じゅんいち)

1970年名古屋市生まれ。東京大学工学部電子電気工学科卒。同大学博士課程修了。現在、金沢大学理工学域電子情報学類 教授。博士(工学)。専門は集積回路とその応用システムで、ユーザである人間の視点に立った情報機器・システムに強い関心をもつ。本業は、高機能な画像センサも専門。人工知能学会2001年度研究奨励賞受賞。Pentiumコレクター? 秋葉原の部品屋をこよなく愛する。
著書に「ゼロから学ぶ電子回路」(講談社)、共著に「HDLによるVLSI設計」「小型ロボットの基礎技術と製作〜RoboCup小型リーグへの挑戦」(共立出版)など。
http://akita11.jp/

NDC540 222p 21cm

ゼロから学ぶシリーズ

ゼロから学ぶディジタル論理回路(ろんりかいろ)

2003年7月30日 第1刷発行
2023年7月24日 第12刷発行

著 者	秋田 純一	
発行者	髙橋明男	
発行所	株式会社 講談社	KODANSHA

〒112-8001 東京都文京区音羽2-12-21
　　販売　(03)5395-4415
　　業務　(03)5395-3615

編　集　株式会社 講談社サイエンティフィク
　　　　代表　堀越俊一
　　〒162-0825 東京都新宿区神楽坂2-14 ノービィビル
　　　　編集　(03)3235-3701

印刷所　株式会社KPSプロダクツ
製本所　株式会社国宝社

落丁本・乱丁本は購入書店名を明記の上、講談社業務宛にお送りください。送料小社負担でお取替えいたします。なお、この本の内容についてのお問い合わせは講談社サイエンティフィク宛にお願いいたします。定価はカバーに表示してあります。

© Akita Junichi, 2003

本書のコピー、スキャン、デジタル化等の無断複製は著作権法上での例外を除き禁じられています。本書を代行業者等の第三者に依頼してスキャンやデジタル化することはたとえ個人や家庭内の利用でも著作権法違反です。

JCOPY 〈(社)出版者著作権管理機構 委託出版物〉
複写される場合は、その都度事前に、(社)出版者著作権管理機構(電話 03-5244-5088、FAX 03-5244-5089、e-mail: info@jcopy.or.jp)の許諾を得てください。

Printed in Japan
ISBN4-06-154666-X

講談社の自然科学書

ゼロから学ぶ電子回路　秋田純一／著	定価 2,750 円
ゼロから学ぶディジタル論理回路　秋田純一／著	定価 2,750 円
はじめての電子回路 15 講　秋田純一／著	定価 2,420 円
新しい電気回路＜上＞　松澤 昭／著	定価 3,080 円
新しい電気回路＜下＞　松澤 昭／著	定価 3,080 円
はじめてのアナログ電子回路　松澤 昭／著	定価 2,970 円
はじめてのアナログ電子回路 実用回路編　松澤 昭／著	定価 3,300 円
世界一わかりやすい電気・電子回路 これ 1 冊で完全マスター！　薮 哲郎／著	定価 3,190 円
基礎から学ぶ電気電子・情報通信工学　田口俊弘・堀内利一・鹿間信介／著	定価 2,640 円
LTspice で独習できる！はじめての電子回路設計　鹿間信介／著	定価 3,080 円
GPU プログラミング入門　伊藤智義／編	定価 3,080 円
イラストで学ぶ ロボット工学　木野 仁／著　谷口忠大／監	定価 2,860 円
イラストで学ぶ ヒューマンインタフェース 改訂第 2 版　北原義典／著	定価 2,860 円
イラストで学ぶ 離散数学　伊藤大雄／著	定価 2,420 円
イラストで学ぶ 人工知能概論 改訂第 2 版　谷口忠大／著	定価 2,860 円
イラストで学ぶ 情報理論の考え方　植松友彦／著	定価 2,640 円
問題解決力を鍛える！アルゴリズムとデータ構造　大槻兼資／著　秋葉拓哉／監修	定価 3,300 円
しっかり学ぶ数理最適化 モデルからアルゴリズムまで　梅谷俊治／著	定価 3,300 円
詳解 確率ロボティクス　上田隆一／著	定価 4,290 円
はじめてのロボット創造設計 改訂第 2 版　米田 完・坪内孝司・大隅 久／著	定価 3,520 円
ここが知りたいロボット創造設計　米田 完・大隅 久・坪内孝司／著	定価 3,850 円
はじめてのメカトロニクス実践設計　米田 完・中嶋秀朗・並木明夫／著	定価 3,080 円
これからのロボットプログラミング入門 第 2 版　上田悦子・小枝正直・中村恭之／著	定価 2,970 円
OpenCV による画像処理入門 改訂第 3 版　小枝正直・上田悦子・中村恭介／著	定価 3,080 円
はじめての現代制御理論 改訂第 2 版　佐藤和也・下本陽一・熊澤典良／著	定価 2,860 円
詳解 3 次元点群処理　金崎朝子・秋月秀一・千葉直也／著	定価 3,080 円
ゼロから学ぶ Python プログラミング　渡辺宙志／著	定価 2,640 円
ゼロから学ぶ Rust　高野祐輝／著	定価 3,520 円
新しいヒューマンコンピュータインタラクションの教科書　玉城絵美／著	定価 2,640 円
やさしい信号処理　三谷政昭／著	定価 3,740 円
やさしい家庭電気・情報・機械　薮哲郎／著	定価 2,310 円
単位が取れる 電磁気学ノート　橋元淳一郎／著	定価 2,860 円
単位が取れる 電気回路ノート　田原真人／著	定価 2,860 円

※表示価格には消費税（10％）が加算されています。

2023 年 4 月現在

講談社サイエンティフィク　www.kspub.co.jp